Theorie der Gleichverteilung

von
Edmund Hlawka
o. Professor
an der Universität Wien

D1727936

Bibliographisches Institut Mannheim/Wien/Zürich
B.I.-Wissenschaftsverlag

CIP-Kurztitelaufnahme der Deutschen Bibliothek

Hlawka, Edmund:
Theorie der Gleichverteilung / von Edmund Hlawka. –
Mannheim, Wien, Zürich: Bibliographisches Institut, 1979.
ISBN 3-411-01565-9

© Bibliographisches Institut AG, Zürich 1979
Druck: Zechnersche Buchdruckerei, Speyer
Bindearbeit: Pilger-Druckerei GmbH, Speyer
Printed in Germany
ISBN 3-411-01565-9

Theorie der Gleichverteilung

Meiner lieben Frau gewidmet

VORWORT

Diese Einführung in die Theorie der Gleichverteilung ist im wesentlichen aus Vorlesungen entstanden, die ich seit etlichen Jahren an der Universität Wien über diesen Gegenstand halte.

Der Begriff der „Gleichverteilung" von Folgen wurde zuerst von dem deutschen Astronomen und Mathematiker P. Bohl und von dem polnischen Mathematiker W. Sierpinski verwendet. Die Bedeutung dieses Begriffes hat aber erst H. Weyl in einer großen Arbeit in den Mathematischen Annalen 1916 dargelegt. Die allgemeine Theorie der Gleichverteilung wurde dann von ungarischen Mathematikern, insbesondere von L. Féjer, und der holländischen Schule vor allem unter J.G. van der Corput und J.F. Koksma weiterentwickelt. Nachdem die ersten Anwendungen in Zahlentheorie, Wahrscheinlichkeitsrechnung und Statistischer Mechanik erforscht worden waren, schien die Theorie abgeschlossen zu sein.

Angeregt durch eine Idee des Schweizers B. Eckmann, gleichverteilte Folgen auf kompakten Gruppen zu untersuchen, begann ich mich in den 50-iger Jahren mit gleichverteilten Folgen in kompakten Räumen zu beschäftigen. Aus den gewonnenen Erkenntnissen ergab sich eine Fülle neuer Probleme und Einsichten. So entwickelte sich die abstrakte Theorie der Gleichverteilung zu einem sehr aktuellen Forschungsgebiet nicht nur der Wiener Schule, sondern auch anderer europäischer und außereuropäischer Zentren. Ebenso wurde die von van der Corput gefundene Diskrepanz, ein Maß für die Güte der Gleichverteilung, eingehender untersucht. Dadurch wurden neue Möglichkeiten für die Anwendung der Theorie in der Numerischen Mathematik, insbesondere bei der Berechnung hochdimensionaler Integrale, aufgezeigt.

Die Darstellung umfaßt wesentliche auf diesem Gebiet geleistete Arbeiten; auch die in jüngster Zeit gewonnenen (z.T. noch unveröffentlichten) Ergebnisse wurden, so weit sie mir zugänglich waren, berücksichtigt. Die beigefügte Literaturliste soll dem Leser als Orientierung und Anregung zur Vertiefung in einzelne Gebiete dienen.

Der Entwicklung der Theorie der Gleichverteilung entsprechend, gliedert sich das vorliegende Buch in drei Teile. Im ersten Teil werden die allgemeinen Grundlagen der Theorie vorgestellt: das Weylsche Kriterium und seine Anwendung im Satz von Féjer und im Hauptsatz von van der Corput. Darauf folgt eine Einführung in die abstrakte Theorie, im dritten Teil wird die quantitative Theorie der Gleichverteilung dargelegt, und einige Anwendungen gleichverteilter Folgen bei numerischen Problemen werden aufgezeigt. Bildet der erste Teil die Voraussetzung für das Verständnis der Gleichverteilung, sind die beiden folgenden Teile unabhängig voneinander lesbar. Nach Motivation und Interesse kann sich der Leser entweder für die „reine" oder für die „angewandte" Theorie entscheiden. An Vorkenntnissen benötigt er für den ersten und dritten Teil nicht mehr, als in Einführungsvorlesungen in Analysis und Zahlentheorie geboten wird. Für den zweiten Teil sind allerdings Vorkenntnisse aus Topologie und Maßtheorie vorteilhaft, aber nicht notwendig, denn dem Leser wird das benötigte Rüstzeug durch die Darstellung vermittelt.

Anstelle einer knappen Auflistung von Resultaten entschied ich mich für eine ausführlichere Darstellung, um die Theorie der Gleichverteilung im Leser lebendig werden zu lassen. Auch bei der Bezeichnung folgte ich nicht den Vorschriften strenger Formalisten. Mein Bemühen war es, den Leser durch bewußt einfache Sprache und Darstellung anzusprechen und nicht abzuschrecken und ihn anzuregen, auf dem Gebiet der Gleichverteilung selbsttätig zu forschen.

Die Endfassung des Manuskriptes besorgte Herr Dr. R. Taschner, die Korrektur übernahmen die Herren G. Nowak, Dr. J. Schoißengeier und R. Tichy; ihnen und dem Institut für Informationsverarbeitung möchte ich für ihre Hilfe und Unterstützung herzlich danken. Mein besonderer Dank gilt dem Bibliographischen Institut für die sorgfältige Herausgabe des Buches.

Wien, Ostern 1979

                 Edmund Hlawka

INHALTSVERZEICHNIS

1. Teil
GRUNDLAGEN

I Das Weylsche Kriterium

Die Theorie der Gleichverteilung begründete Hermann Weyl, als er den berühmten Approximationssatz von Kronecker erneut bewies und wesentlich verschärfte. Die Entdeckung Weyls rundet eine Reihe von Erkenntnissen aus der Theorie der Diophantischen Approximationen ab. Diese Erkenntnisse entstanden aus dem Bestreben, rationale Zahlen in beliebig kleinen Umgebungen reeller Zahlen zu finden. Den Anfang bildet der Approximationssatz von Dirichlet. Interpretiert man ihn als einen Satz über Zahlen modulo 1, gelangt man zur Fragestellung Kroneckers. Weyl sah, daß man durch Eingliederung des Problems in einen allgemeineren Zusammenhang die Frage Kroneckers mit der Berechnung einer geometrischen Reihe beantworten kann.

1. Der Dirichletsche Approximationssatz

Jede reelle Zahl kann beliebig gut durch rationale Zahlen approximiert werden. Am einfachsten gelingt dies mit Hilfe des *nächstkleineren Ganzen* an die reelle Zahl ξ. Darunter verstehen wir jene ganze Zahl $[\xi]$, die $[\xi] \leqslant$ $\leqslant \xi < [\xi] + 1$ erfüllt. Ist nämlich α eine beliebige reelle und N eine beliebige natürliche Zahl, legen wir die ganzen Zahlen p und q durch $p = [\alpha N]$, $q = N$ fest, und erhalten

$$| \alpha - \frac{p}{q} | < \frac{1}{N} \cdot$$

P.G. Dirichlet[1] hat als erster dieses einfache Ergebnis entscheidend verschärft. Davon ausgehend, daß alle $N + 1$ Zahlen

$$n\alpha - [n\alpha], \qquad n = 0,1,...,N,$$

im Einheitsintervall $[0,1[$ liegen, zerteilt er dieses Intervall in N gleich große Teilintervalle

$$[\frac{k-1}{N}, \frac{k}{N}[, \qquad k = 1,2,...,N,$$

und sieht: mindestens *zwei* der obigen $N + 1$ Zahlen fallen in *eines* dieser N Teilintervalle. Für zwei verschiedene ganze Zahlen n', n'' mit $0 \leqslant n' <$ $< n'' \leqslant N$ und ein ganzzahliges k mit $1 \leqslant k \leqslant N$ gelten die Ungleichungen

$$\frac{k-1}{N} \leqslant n''\alpha - [n''\alpha] < \frac{k}{N}$$

$$\frac{k-1}{N} \leqslant n'\alpha - [n'\alpha] < \frac{k}{N} \, ;$$

eine Subtraktion liefert

$$-\frac{1}{N} < (n'' - n')\alpha - ([n''\alpha] - [n'\alpha]) < \frac{1}{N}.$$

Für $n = n'' - n'$, $g = [n''\alpha] - [n'\alpha]$ folgern wir den

Dirichletschen Approximationssatz: *Zu jeder reellen Zahl α und jeder natürlichen Zahl N gibt es eine ganze Zahl g und eine natürliche Zahl $n \leqslant N$ mit*

$$| \, n\alpha - g \, | < \frac{1}{N} \, .$$

Beim Vergleich beider Abschätzungen

$$| \alpha - \frac{p}{q} | < \frac{1}{N} = \frac{1}{q} \, , \qquad\qquad | \alpha - \frac{g}{n} | < \frac{1}{Nn} \, ,$$

wird die wesentliche Verbesserung deutlich.

Aus dem Dirichletschen Satz können wir eine grundlegende Eigenschaft aller reellen Zahlen ableiten. Hiezu betrachten wir nur die *Bruchbestandteile* $\alpha - [\alpha]$ und das Einheitsintervall $[0,1[$. Anders gesagt: Wir *identifizieren* zwei reelle Zahlen, wenn sie sich nur durch ihre Stellen vor dem Komma unterscheiden. *Algebraisch* bedeutet dies eine Reduktion auf Zahlen „modulo 1" und einen Übergang von **R** auf **R/Z**; *geometrisch* entspricht es einem Aufrollen der Zahlengeraden auf einen Kreis mit Umfang 1, wobei der Kreis das Einheitsintervall $[0,1[$ ersetzt; *topologisch* erklären wir die offenen Mengen auf der Kreislinie als offene Mengen auf $[0,1[$, d.h. die Umgebungen in $[0,1[$ sind durch die Quotiententopologie von **R/Z** gekennzeichnet. So betrachtet, lehrt der Dirichletsche Satz:

In jeder Umgebung des Nullpunktes liegen unendlich viele Zahlen nα modulo 1; n durchläuft dabei die natürlichen Zahlen und α ist beliebig reell.

Sofort drängt sich die Frage auf: Für welche α liegen unendlich viele der Zahlen nα modulo 1 in jeder Umgebung eines *beliebigen* Punktes aus [0,1[, d.h. wann ist nα modulo 1 dicht in *ganz* [0,1[? L. Kronecker[2] findet die Antwort: diese Eigenschaft kommt den irrationalen und nur den irrationalen α zu.

Den tiefgründigsten und zugleich elegantesten Beweis dafür ersann Weyl[3]. Dabei prägte er das Wort „gleichverteilt". Denn Weyl zeigte: nα ist für irrationale α nicht allein dicht, sondern sogar gleichverteilt modulo 1. Im folgenden erörtern wir, was hiemit gemeint ist.

2. *Definition und Kriterien der Gleichverteilung*

Wir verwenden von nun an folgende Bezeichnungen: Für Folgen schreiben wir immer $\omega(n)$ oder einfach nur ω; n bezeichnet dabei die diskrete Variable, die alle natürlichen Zahlen **N** durchläuft. Aus dem jeweiligen Zusammenhang ergibt sich, inwieweit wir die Folge in ihrer Gesamtheit oder nur das einzelne Glied der Folge betrachten. Liegt die Folge $\omega(n)$ im Einheitsintervall [0,1[und steht $J \subset$ [0,1[für ein beliebiges Teilintervall, bezeichnet $A(\omega,N,J)$ für jede natürliche Zahl N die Anzahl jener ersten N Folgeglieder $\omega(n)$, die zum Intervall J gehören. Der Quotient

$$\frac{A(\omega,N,J)}{N}$$

gibt an, wie oft die Zahlen $\omega(1)$, $\omega(2)$, ..., $\omega(N)$ im Verhältnis zu N in J vorkommen. Strebt diese *Häufigkeit* für alle Intervalle $J \subset$ [0,1[bei $N \to \infty$ gegen die Länge $l(J)$ von J, d.h.

$$\lim_{N \to \infty} \frac{A(\omega,N,J)}{N} = l(J),$$

nennen wir $\omega(n)$ eine *gleichverteilte* Folge. In der Sprache der Wahrscheinlichkeitsrechnung heißt das: Eine Folge $\omega(n)$ ist in [0,1[genau dann gleichverteilt, wenn die Wahrscheinlichkeit dafür, daß $\omega(n)$ in einem Teilintervall J liegt, mit dem Maß $l(J)$ des Teilintervalls übereinstimmt.

Zunächst sieht man unmittelbar:

Jede gleichverteilte Folge in [0,1[*liegt darauf dicht; doch gilt die Umkehrung im allgemeinen nicht.*

Der erste Teil des Satzes ist offensichtlich. Denn jedes offene Teilintervall $J \subset [0,1[$ besitzt positive Länge und bei einem gleichverteilten $\omega(n)$ kann immer ein genügend großes N mit

$$\frac{A(\omega,N,J)}{N} \geqslant \frac{l(J)}{2} > 0$$

gefunden werden.

Die zweite Behauptung des Satzes beweisen wir mit Hilfe irgendeiner in [0,1[dicht liegenden Folge $\omega(n)$ (z.B. mit den rationalen Zahlen zwischen 0 und 1, als Folge angeordnet). Mit k_n bezeichnen wir alle natürlichen Zahlen, die $\omega(k_n) \in [0,1/2[$ erfüllen; die übrigen natürlichen Zahlen nennen wir l_n. Dabei sollen die k_n und l_n der Größe nach angeordnet sein. Eine zweite Folge $\omega'(n)$ werde durch

$$\omega'(3n-2) = \omega(l_n), \qquad \omega'(3n-1) = \omega(k_{2n-1}), \qquad \omega'(3n) = \omega(k_{2n}),$$

festgelegt. Die Konstruktion von $\omega'(n)$ bewirkt, daß sich einem Glied der Folge $\omega(n)$ aus [1/2,1[immer zwei Glieder von $\omega(n)$ aus [0,1/2[anschließen. Obwohl $\omega(n)$ und $\omega'(n)$ in [0,1[dicht liegen, sind nicht beide Folgen gleichverteilt. Bei der Gleichverteilung von $\omega(n)$ strebt nämlich die Häufigkeit der Zahlen $\omega(1)$, $\omega(2)$, ..., $\omega(N)$ in [0,1/2[gegen 1/2, die Häufigkeit von $\omega'(1)$, $\omega'(2)$, ..., $\omega'(N)$ in [0,1/2[hingegen nach 2/3. ////

Den Weylschen Beweis des Kroneckerschen Satzes erreichen wir über einen Umweg, der uns über äquivalente Definitionen der Gleichverteilung führt. Weyls Idee beruht darauf, die Definition der Gleichverteilung, die derzeit noch aus einem Abzählen von Punkten in Intervallen besteht, in ein Rechenverfahren umzuformen.

Zuerst führen wir die *charakteristische Funktion* eines Teilintervalles $J \subset [0,1[$ modulo 1 durch die Formel

$$c_J(x) = \begin{cases} 1 & \text{bei } x - [x] \in J, \\ 0 & \text{sonst} \end{cases}$$

ein. (x bezeichnet stets die kontinuierliche Variable, die den Definitionsbereich der jeweiligen Funktion durchläuft.) Aus

$$A(\omega,N,J) = \sum_{n=1}^{N} c_J(\omega(n)), \qquad l(J) = \int_0^1 c_J(x)\mathrm{d}x,$$

folgt:

Eine reellwertige Folge $\omega(n)$ erweist sich genau dann als gleichverteilt modulo 1, wenn für alle Teilintervalle $J \subset [0,1[$

$$\lim_{N\to\infty} \frac{1}{N} \sum_{n=1}^{N} c_J(\omega(n)) = \int_0^1 c_J(x)\mathrm{d}x$$

gilt.

Fassen wir

$$\frac{1}{N} \sum_{n=1}^{N} f(\omega(n)) = m_N^\omega(f)$$

als *positives lineares Funktional* auf, bedeutet

(1)
$$\lim_{N\to\infty} m_N^\omega(f) = \int_0^1 f(x)\mathrm{d}x$$

für alle $f(x) = c_J(x)$ die Gleichverteiltheit von $\omega(n)$. Wegen der Linearität der Funktionale stimmt (1) bereits für alle Treppenfunktionen $f(x)$. Mit dem folgenden Hilfssatz können wir (1) für eine noch umfassendere Funktionenklasse herleiten:

Hilfssatz: *Für eine Familie F von Funktionen $f(x)$ seien ein positives lineares Funktional m und eine Folge weiterer positiver linearer Funktionale m_N erklärt. Alle $f(x)$ mit*

$$\lim_{N\to\infty} m_N(f) = m(f)$$

fassen wir in die Klasse G zusammen. Gibt es zu einem $f(x)$ aus F und zu jedem $\epsilon > 0$ Funktionen $g_1(x)$ und $g_2(x)$ aus G mit

$$g_1(x) \leqslant f(x) \leqslant g_2(x), \qquad m(g_2 - g_1) < \epsilon,$$

dann gehört $f(x)$ bereits der Klasse G an.

Wir gehen im Beweis von den Voraussetzungen

$$m_N(g_1) \leqslant m_N(f) \leqslant m_N(g_2) ,$$

$$\lim_{N \to \infty} m_N(g_1) = m(g_1), \qquad \lim_{N \to \infty} m_N(g_2) = m(g_2),$$

$$m(g_1) \leqslant m(f) \leqslant m(g_2)$$

aus und folgern

$$m(g_1) \leqslant \underline{\lim_{N \to \infty}} m_N(f) \leqslant \overline{\lim_{N \to \infty}} m_N(f) \leqslant m(g_2)$$

und

$$|\underline{\lim_{N \to \infty}} m_N(f) - m(f)| < 2\epsilon, \qquad |\overline{\lim_{N \to \infty}} m_N(f) - m(f)| < 2\epsilon,$$

was wegen der beliebigen Wahl von ϵ zur Behauptung führt.   ////

Setzen wir in unserem Fall

$$m_N(f) = m_N^{\omega}(f), \qquad m(f) = \int_0^1 f(x)dx,$$

enthält G bei einem gleichverteilten $\omega(n)$ alle Treppenfunktionen auf $[0,1[$. Bei einem im Riemannschen Sinn integrierbaren $f(x)$ gibt es zu jedem $\epsilon > 0$ eine Zerlegung von $[0,1[$ in Intervalle J_k, $k = 1,...,K$, sodaß für

$$\underline{f}_k = \inf_{x \in J_k} f(x), \qquad \overline{f}_k = \sup_{x \in J_k} f(x)$$

die Treppenfunktionen

$$g_1(x) = \sum_{k=1}^{K} \underline{f}_k c_{J_k}(x), \qquad g_2(x) = \sum_{k=1}^{K} \overline{f}_k c_{J_k}(x)$$

die Ungleichungen

$$g_1(x) \leqslant f(x) \leqslant g_2(x) \qquad \text{und} \qquad \int_0^1 (g_2(x) - g_1(x))dx < \epsilon$$

erfüllen. Die zweite Ungleichung beschreibt die Möglichkeit, den Unterschied zwischen den Riemannschen Ober- und Untersummen durch eine genügend feine Zerlegung beliebig zu verkleinern. Demzufolge gilt (1) auch für $f(x)$:

Die Folge reeller Zahlen $\omega(n)$ ist genau dann gleichverteilt modulo 1, wenn für alle im Riemannschen Sinn integrierbaren und mit Periode 1 periodischen

Funktionen $f(x)$

gilt.

$$\lim_{N \to \infty} \frac{1}{N} \sum_{n=1}^{N} f(\omega(n)) = \int_0^1 f(x)dx$$

Gleichverteilte Folgen sind aber bereits dadurch gekennzeichnet, daß (1) für alle stetigen $f(x)$ zutrifft. Jede charakteristische Funktion $c_J(x)$ über einem Intervall J mit den Grenzen α, β, $0 \leq \alpha < \beta \leq 1$ kann nämlich im Sinne des Hilfssatzes beliebig gut durch stetige Funktionen eingesperrt werden. Diese Behauptung ist für $\alpha = 0, \beta = 1$ trivial. Im Fall $\beta - \alpha < 1$ definieren wir bei einem beliebigen positiven $\epsilon < \min(\frac{\beta-\alpha}{2}, \frac{1-(\beta-\alpha)}{2})$:

$$g_1(x) = \begin{cases} \frac{x-\alpha}{\epsilon} & \text{bei } \alpha \leq x < \alpha+\epsilon, \\ 1 & \text{bei } \alpha+\epsilon \leq x < \beta-\epsilon, \\ \frac{\beta-x}{\epsilon} & \text{bei } \beta-\epsilon \leq x < \beta, \\ 0 & \text{bei } \beta \leq x < 1+\alpha, \end{cases}$$

$$g_2(x) = \begin{cases} \frac{x-(\alpha-\epsilon)}{\epsilon} & \text{bei } \alpha-\epsilon \leq x < \alpha, \\ 1 & \text{bei } \alpha \leq x < \beta, \\ \frac{(\beta+\epsilon)-x}{\epsilon} & \text{bei } \beta \leq x < \beta+\epsilon, \\ 0 & \text{bei } \beta+\epsilon \leq x < 1+\alpha-\epsilon, \end{cases}$$

und erweitern den Definitionsbereich von $g_1(x)$ und $g_2(x)$ gleich auf **R**, indem wir diese Funktionen mit Periode 1 periodisch fortsetzen. Nach dem Hilfssatz folgt aus

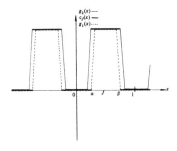

Abb. 1

$$g_1(x) \leq c_J(x) \leq g_2(x), \qquad \int_0^1 (g_2(x) - g_1(x))dx \leq 2\epsilon :$$

2 Hlawka, Theorie der Gleichverteilung

Die Folge reeller Zahlen $\omega(n)$ *ist genau dann gleichverteilt modulo* 1, *wenn für alle komplexwertigen stetigen Funktionen* $f(x)$ *mit Periode* 1

$$\lim_{N \to \infty} \frac{1}{N} \sum_{n=1}^{N} f(\omega(n)) = \int_0^1 f(x)dx$$

gilt.

Daß $f(x)$ auch komplexe Werte annimmt, stört nicht, denn wir können immer den Real- und Imaginärteil gesondert untersuchen.

Nun wollen wir aus der Fülle der stetigen Funktionen einige wenige herausgreifen, nämlich die *trigonometrischen Funktionen*

$$e(hx) = e^{2\pi i hx},$$

wobei h die ganzen Zahlen $\mathbf{Z}$ durchläuft. Für beliebige ganze Zahlen P, Q mit $P \le Q$ und beliebige komplexe Koeffizienten c_h heißen die Linearkombinationen

$$\sum_{h=P}^{Q} c_h e(hx)$$

trigonometrische Polynome. Sie sind stetig und von der Periode 1. Im Fall $h = 0$ stellt $e(0x) = e(0) = 1$ eine Konstante dar. Sonst errechnet sich bei $h \ne 0$

$$\int_0^1 e(hx)dx = 0.$$

Ein gleichverteiltes $\omega(n)$ erfüllt infolgedessen für alle $h \ne 0$

(2) $$\lim_{N \to \infty} \frac{1}{N} \sum_{n=1}^{N} e(h\omega(n)) = 0.$$

(2) charakterisiert bereits gleichverteilte Folgen. Denn aus (2) können wir

$$\lim_{N \to \infty} m_N^\omega(T) = \int_0^1 T(x)dx$$

für jedes trigonometrische Polynom $T(x)$ ablesen. Nach dem Approximationssatz von K. Weierstraß[4] existiert für eine beliebige reellwertige stetige Funktion $f(x)$ mit Periode 1 zu jedem $\epsilon > 0$ ein trigonometrisches Polynom $T(x)$ mit

$$| f(x) - T(x) | < \epsilon .$$

Wir können $T(x)$ reellwertig voraussetzen. Wäre es nämlich komplexwertig, ersetzten wir es einfach durch Re $T(x) = (T(x) + \overline{T(x)})/2$. $g_1(x) = T(x) - \epsilon$ und $g_2(x) = T(x) + \epsilon$ sind ebenfalls trigonometrische Polynome, und

$$g_1(x) \leqslant f(x) \leqslant g_2(x), \qquad \int_0^1 (g_2(x) - g_1(x))dx < 2\epsilon$$

beweisen

$$\lim_{N \to \infty} m_N^\omega(f) = \int_0^1 f(x)dx.$$

Somit erhalten wir das *Weylsche Kriterium*[3], auf dem die gesamte Theorie der Gleichverteilung beruht:

Weylsches Kriterium: *Die gleichverteilten Folgen* $\omega(n)$ *werden durch*

$$\lim_{N \to \infty} \frac{1}{N} \sum_{n=1}^N e(h\omega(n)) = 0$$

für alle ganzzahligen $h \neq 0$ *gekennzeichnet.*

Wir fassen kurz zusammen: Im Mittelpunkt unserer Erörterung stand (1). $\omega(n)$ ist genau dann gleichverteilt, wenn Funktionen aus bestimmten Familien (1) erfüllen. Diese Familien führen wir im folgenden Diagramm an und kennzeichnen durch Pfeile den Weg unserer Überlegung. Dünne Pfeile bezeichnen triviale Zusammenhänge, fette Pfeile nichttriviale Beweise.

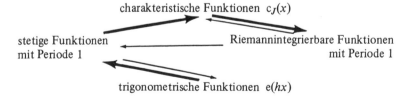

charakteristische Funktionen $c_J(x)$

stetige Funktionen mit Periode 1   Riemannintegrierbare Funktionen mit Periode 1

trigonometrische Funktionen $e(hx)$

3. Der Kroneckersche Approximationssatz

Jetzt kommen wir auf die spezielle Folge $\omega(n) = n\alpha$ zu sprechen. Ist α irrational, kann $h\alpha$ für keine ganze Zahl $h \neq 0$ ganzzahlig sein. Daraus folgt $e(h\alpha) \neq 1$. Nach der geometrischen Summenformel berechnen wir

$$\lim_{N \to \infty} \left| \frac{1}{N} \sum_{n=1}^{N} e(hn\alpha) \right| = \lim_{N \to \infty} \left| \frac{1}{N} \sum_{n=1}^{N} e(h\alpha)^n \right| =$$

$$= \lim_{N \to \infty} \frac{1}{N} \left| e(h\alpha) \frac{1 - e(h\alpha)^N}{1 - e(h\alpha)} \right| \leqslant \lim_{N \to \infty} \frac{1}{N} \frac{2}{|1 - e(h\alpha)|} = 0.$$

Daraus ergibt sich nach dem Weylschen Kriterium[3]:

Kroneckerscher Approximationssatz: *Für irrationale* α *ist die Folge* $n\alpha$
gleichverteilt modulo 1.

Dies ist die einfachste Fassung des Kroneckerschen Approximations-satzes. Kronecker selbst verallgemeinerte ihn einerseits auf mehrere reelle Zahlen $\alpha_1, ..., \alpha_L$ und andererseits für kontinuierliche Parameter. Mit diesen beiden Verallgemeinerungen wollen wir uns nun beschäftigen.

Zunächst behandeln wir mehrdimensionale Folgen im Raum $\mathbf{R}^L$ der Dimension L. Folgende Bezeichnung scheint uns wegen ihrer Prägnanz hiezu vorteilhaft: Punkte aus dem $\mathbf{R}^L$ mit den Komponenten $a_1, ..., a_L$ nennen wir kurz a_l. Der Laufindex l steht stets für die Zahlen $1, ..., L$. Konzentrie-ren wir uns auf eine bestimmte Komponente, bezeichnen wir ihren Index mit einem von l verschiedenen Buchstaben, etwa a_j. Außerdem verwenden wir die *Einsteinsche Summenkonvention*: Bei einem Produkt, in dem der Index l mehrfach auftritt, ist stets über $l = 1, ..., L$ die Summe zu bilden. So be-deutet z.B.

$$a_{jl}b_{lk} = \sum_{l=1}^{L} a_{jl}b_{lk}.$$

Das Intervall $[0,1[$ wird in der L—dimensionalen Verallgemeinerung durch den Einheitswürfel $[0,1[^L = [0,1[\times ... \times [0,1[$ ersetzt, und Teilintervalle $J \subset$ $\subset [0,1[$ verwandeln wir zu achsenparallelen Teilquadern $J = [\alpha_1,\beta_1[\times ..$ $.. \times [\alpha_L,\beta_L[$ mit $0 \leqslant \alpha_l < \beta_l \leqslant 1$. Eine Folge $\omega_l(n)$ in $[0,1[^L$ heißt genau dann *gleichverteilt*, wenn für jeden achsenparallelen Teilquader $J \subset [0,1[^L$ die Anzahl $A(\omega_l,N,J)$ der ersten N Folgeglieder in J im Verhältnis zu N mit $N \to \infty$ gegen das Volumen $V(J)$ von J strebt, d.h.

$$\lim_{N \to \infty} \frac{A(\omega_l,N,J)}{N} = V(J).$$

Da jeder offene achsenparallele Teilquader $J \subset [0,1[^L$ ein positives Volumen besitzt, folgern wir:

Jede gleichverteilte Folge in $[0,1[^L$ *liegt darauf dicht.*

Die Formeln

$$c_J(x_l) = \begin{cases} 1, \text{ wenn } x_l - [x_l] \in J, \\ 0 \text{ sonst} \end{cases}$$

und

$$e(h_l x_l) = e^{2\pi i h_l x_l}, \qquad h_l \in \mathbf{Z}^L,$$

legen die L–dimensionalen charakteristischen und trigonometrischen Funktionen fest. Durch

(1) $$\lim_{N \to \infty} \frac{1}{N} \sum_{n=1}^{N} c_J(\omega_l(n)) = \int_{[0,1[^L} c_J(x_l) \mathrm{d}^L x_l$$

ist die Gleichverteilung von Folgen $\omega_l(n)$ über $\mathbf{R}^L$ modulo 1 gekennzeichnet. Wir behaupten sogar noch mehr[3]:

Eine Folge $\omega_l(n)$ in $\mathbf{R}^L$ ist genau dann gleichverteilt modulo 1, wenn eine – und damit alle – der folgenden zueinander äquivalenten Bedingungen zutreffen:
1. Alle achsenparallelen Teilquader $J \subset [0,1[^L$ erfüllen die Gleichung (1).
2. Für alle Riemannintegrierbaren $f(x_l)$ mit Periode 1 (in jeder Komponente) gilt:

(2) $$\lim_{N \to \infty} \frac{1}{N} \sum_{n=1}^{N} f(\omega_l(n)) = \int_{[0,1[^L} f(x_l) \mathrm{d}^L x_l.$$

3. (2) stimmt für alle stetigen Funktionen $f(x_l)$ mit Periode 1.
4. Für alle Gitterpunkte $h_l \in \mathbf{Z}^L$ mit Ausnahme des Nullpunktes $h_l = 0$ gilt

$$\lim_{N \to \infty} \frac{1}{N} \sum_{n=1}^{N} e(h_l \omega_l(n)) = 0.$$

Der Nachweis dieses langen Satzes kann kurz gefaßt werden: Es genügt nämlich, die Überlegungen des vorigen Paragraphen zu wiederholen und an allen entsprechenden Stellen den Index l einzufügen. ////

In Analogie zu $n\alpha$ betrachten wir nun die Folge $\omega_l(n) = n\alpha_l$; α_l steht dabei für L reelle Zahlen. Wir berechnen die geometrische Summe:

$$\sum_{n=1}^{N} e(h_l n \alpha_l) = \sum_{n=1}^{N} e(h_l \alpha_l)^n = \begin{cases} N \text{ bei } h_l \alpha_l \in \mathbf{Z}, \\ e(h_l \alpha_l) \dfrac{1 - e(h_l \alpha_l)^N}{1 - e(h_l \alpha_l)} \text{ sonst.} \end{cases}$$

$$\lim_{N \to \infty} \frac{1}{N} \sum_{n=1}^{N} e(h_l n \alpha_l) = 0 \qquad \text{und} \qquad h_l \alpha_l \notin \mathbf{Z}$$

sind daher gleichbedeutend. L reelle Zahlen α_l heißen *linear unabhängig über* $\mathbf{Z}$, wenn $h_l \alpha_l$ für alle Gitterpunkte $h_l \in \mathbf{Z}^L$ nicht ganzzahlig ist, den Fall $h_l = 0$ ausgenommen. Nach dieser Definition erhalten wir[3]:

Spezieller Kroneckerscher Approximationssatz im diskreten Fall: *Die Folge* $\omega_l(n) = n\alpha_l$ *ist genau dann gleichverteilt modulo* 1, *wenn* α_l *über* $\mathbf{Z}$ *linear unabhängige Zahlen sind. In diesem Fall liegen die Punkte* $n\alpha_l$ *modulo* 1 *dicht in* $[0,1[^L$.

Nun zur zweiten Verallgemeinerung: Beim kontinuierlichen Fall vertauschen wir Folgen mit integrierbaren Funktionen $\omega_l(t)$, die für nichtnegative reelle t Werte im Raum $\mathbf{R}^L$ annehmen. Unter der kontinuierlichen Variablen t können wir uns die Zeit vorstellen und verstehen dementsprechend $\omega_l(t)$ als Bewegung eines Punktes im $\mathbf{R}^L$. Die positiven linearen Funktionale $m_N^{\omega l}$ der Folgen wandeln wir für positive reelle T in

$$m_T^{\omega l}(f) = \frac{1}{T} \int_0^T f(\omega_l(t)) \mathrm{d}t$$

um. Dabei bleibt der Charakter eines positiven linearen Funktionals ungeändert. Aus analogen Überlegungen zum vorigen Paragraphen gewinnen wir folgende Ergebnisse[3]:

Für integrierbare Funktionen $\omega_l(t)$ *sind die folgenden Aussagen gleichbedeutend:*
1. *Alle achsenparallelen Teilquader* $J \subset [0,1[^L$ *erfüllen*

$$\lim_{T \to \infty} \frac{1}{T} \int_0^T c_J(\omega_l(t)) \mathrm{d}t = \int_{[0,1[^L} c_J(x_l) \mathrm{d}^L x_l .$$

2. *Für alle Riemannintegrierbaren* $f(x_l)$ *mit Periode* 1 *gilt:*

$$(3) \qquad \lim_{T \to \infty} \frac{1}{T} \int_0^T f(\omega_l(t)) \mathrm{d}t = \int_{[0,1[^L} f(x_l) \mathrm{d}^L x_l .$$

3. (3) *stimmt für alle stetigen Funktionen* $f(x_l)$ *mit Periode* 1.
4. *Für alle Gitterpunkte* $h_l \in \mathbf{Z}^L$ *mit Ausnahme des Nullpunktes gilt:*

$$(4) \qquad \lim_{T \to \infty} \frac{1}{T} \int_0^T e(h_l \omega_l(t)) \mathrm{d}t = 0 .$$

Wenn eine — und damit jede — der angegebenen Aussagen zutrifft, nennen wir $\omega_l(t)$ *C–gleichverteilt* modulo 1. Die Rolle des Weylschen Kriteriums für Folgen übernimmt hiebei (4), das Weylsche Kriterium für C–gleichverteilte Funktionen. Wie im diskreten Fall stellen wir auch in der C–Gleichverteilung fest:

Jede C–gleichverteilte Funktion $\omega_l(t)$ *liegt modulo* 1 *dicht in* $[0,1[^L$, *d.h.* $\omega_l(t)$ *kommt modulo* 1 *jedem Punkt des Einheitswürfels beliebig nahe.*

L reelle Zahlen α_l heißen *linear unabhängig über* Q, wenn für alle Gitterpunkte $h_l \in Z^L$ die Gleichung $h_l\alpha_l = 0$ nur von $h_l = 0$ gelöst wird. Auf den Fall $L = 1$ beschränkt, bedeutet dies, daß jede von Null verschiedene reelle Zahl linear unabhängig über Q ist.

Spezieller Kroneckerscher Approximationssatz im kontinuierlichen Fall[3]: $\omega_l(t) = t\alpha_l$ *ist genau dann C–gleichverteilt modulo* 1, *wenn* α_l *über* Q *linear unabhängige Zahlen sind. In diesem Fall kommt der Punkt* $t\alpha_l$ *modulo* 1 *jedem Punkt des Einheitswürfels beliebig nahe.*

Bei einem Gitterpunkt h_l mit $h_l\alpha_l \neq 0$ errechnen wir

$$|\frac{1}{T} \int_0^T e(h_lt\alpha_l)\mathrm{d}t| = \frac{1}{T}|\frac{e(th_l\alpha_l)}{2\pi ih_l\alpha_l}\Big|_{t=0}^{t=T}| \leqslant \frac{1}{T}\frac{1}{\pi|h_l\alpha_l|}.$$

Wir brauchen für den Beweis nur mehr den Grenzübergang $T \to \infty$ durchzuführen.   ////

Eine Skizze für den Fall $L = 2$ veranschaulicht den Satz. Hiebei erweisen sich α_1, α_2 genau dann als linear unabhängig über Q, wenn sie zueinander in einem irrationalen Verhältnis α_1/α_2 stehen.

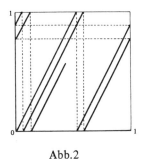

Abb.2

Mit den Augen eines Physikers betrachtet, entspricht dies der Bewegung eines Massenpunktes auf dem Torus, wobei die Bahnkurve den Torus als Loxodrome dicht umspinnt[5].

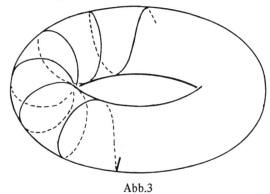

Abb.3

Wollen wir weitere Beispiele C–gleichverteilter Funktionen finden, konzentrieren wir uns der Einfachheit halber auf den eindimensionalen Fall. Wir nehmen an, die Funktion $\omega(t)$ sei zweimal stetig differenzierbar, wobei für alle $t \geqslant t_0$ die Ableitungen $\omega'(t)$ und $\omega''(t)$ das Vorzeichen nicht mehr wechseln sollen. Für ein ganzzahliges $h \neq 0$ berechnen wir durch partielle Integration

$$| \int_{t_0}^{T} e(h\omega(t))dt | = | \int_{t_0}^{T} e(h\omega(t))2\pi i h\omega'(t) \frac{dt}{2\pi i h\omega'(t)} | \leqslant$$

$$\leqslant |e(h\omega(t)) \frac{1}{2\pi i h\omega'(t)} \Big|_{t=t_0}^{t=T} | + \frac{1}{2\pi|h|} \int_{t_0}^{T} | \frac{\omega''(t)}{\omega'(t)^2} | dt \leqslant$$

$$\leqslant \frac{1}{2\pi|h|} (\frac{1}{|\omega'(t_0)|} + \frac{1}{|\omega'(T)|} + | \int_{t_0}^{T} \frac{d}{dt}(\frac{1}{\omega'(t)}) dt |) \leqslant$$

$$\leqslant \frac{1}{\pi|h|} (\frac{1}{|\omega'(t_0)|} + \frac{1}{|\omega'(T)|}) .$$

Da

$$\int_{0}^{t_0} e(h\omega(t))dt \qquad \text{und} \qquad \frac{1}{|\omega'(t_0)|}$$

Konstante bezeichnen, die nach Division durch T mit $T \to \infty$ nach Null streben, folgern wir[3]:

Wechseln bei einer zweimal stetig differenzierbaren Funktion $\omega(t)$ ab einem

t_0 *für* $t \geq t_0$ *die Ableitungen* $\omega'(t)$ *und* $\omega''(t)$ *ihre Vorzeichen nicht und gilt:*

$$\lim_{T \to \infty} \frac{1}{T\omega'(T)} = 0,$$

dann stellt $\omega(t)$ *eine modulo 1 C–gleichverteilte Funktion dar. Insbesondere sind die Funktionen* $\sqrt{t}$, *alle Polynome vom Grad* ≥ 1 *und* e^t *C–gleichverteilt modulo 1.*

Kehren wir zu dem Ausgangspunkt unserer Betrachtung, den gleichverteilten Folgen $\omega(n)$, zurück, stellen sich — gerade in Anschluß an den letzten Satz — eine Reihe interessanter Fragen.

Zunächst *die Frage nach weiteren Beispielen:* Kann man für Folgen analoge hinreichende Bedingungen für die Gleichverteiltheit angeben, wie wir dies bei C–gleichverteilten Funktionen im letzten Satz taten? Im 2. Kapitel werden wir sehen, daß *langsam wachsende Folgen,* z.B. $\sqrt{n}$, derartigen Bedingungen unterworfen werden können, *schnell wachsende Folgen,* wie etwa Polynome $\omega(n)$ oder gar e^n, aber Schwierigkeiten bereiten. Teils können wir diese Schwierigkeiten im sogenannten *Hauptsatz der Theorie der Gleichverteilung* (3. Kapitel) bewältigen (für Polynome $\omega(n)$ lassen sich notwendige und hinreichende Bedingungen der Gleichverteiltheit formulieren), teils scheinen diese Schwierigkeiten unaufhebbar (z.B. bei der Folge e^n).

Die Frage in die Weite: Wir gelangten bereits von der ein- zur mehrdimensionalen und von der diskreten zur kontinuierlichen Gleichverteilung. Sind weitere *Verallgemeinerungen* denkbar? Kommt es auf die Dimension des Raumes an, in dem die Folge liegt, oder sind dessen algebraische Struktur bzw. dessen Topologie bestimmend? Daraufhin werden wir im vierten Kapitel Folgen in beliebigen kompakten Räumen untersuchen.

Die Frage nach dem Ganzen: Bis jetzt kennen wir im wesentlichen nur die gleichverteilte Folge, die sich aus der linearen Funktion ergibt. Wie aber sieht *die Fülle aller gleichverteilten Folgen* aus? Im fünften Kapitel werden wir sehen, daß die Antwort des Maßtheoretikers sich von der des Topologen unterscheidet. Während der eine sich fast nur von gleichverteilten Folgen umgeben sieht, vermag der andere nur sehr wenige aufzufinden.

Die Frage in die Tiefe: Weyl hat den ursprünglichen Begriff „dicht modulo 1" durch „gleichverteilt modulo 1" verschärft. Gibt es einen Begriff, der weiter reicht als gleichverteilt und der auch noch die Folge $n\alpha$ für irrationale α einschließt? Im sechsten Kapitel werden wir in „*gleichmäßig gleichverteilt*" einen derartigen Begriff kennenlernen und besprechen.

Zuletzt *die Frage nach der Brauchbarkeit*: Welchen Nutzen bringen gleichverteilte Folgen? Wo kann man sie anwenden? Diese Frage beschäftigt uns in den letzten drei Kapiteln. Zuerst sprechen wir über die *Diskrepanz* als ein Maß für die Güte der Gleichverteiltheit einer Folge (7. Kapitel). Das nächste Kapitel berichtet über einige Anwendungen der Diskrepanz bei verschiedenen Problemen der numerischen Mathematik, insbesondere der *numerischen Integration*. Zuletzt beschäftigen uns Beispiele, aus denen die Anwendung der Gleichverteilung in der Analysis und in der Zahlentheorie ersichtlich ist.

Dieses knapp skizzierte Programm wird in den folgenden Abschnitten erläutert und eingehend dargelegt.

II Der Satz von Fejer

Die Definiton der gleichverteilten Folge beruht auf einer Grenzwertbestimmung, also auf einem analytischen Sachverhalt. Daher ist es naheliegend, einfache Eigenschaften gleichverteilter Folgen aus Ergebnissen der Differential- und Integralrechnung herzuleiten. Von diesen allgemeinen Untersuchungen kann man sich dann im besonderen den langsam wachsenden Folgen zuwenden, weil auf sie die Eulersche Summenformel ohne Schwierigkeiten anwendbar ist.

1. Einfache Eigenschaften gleichverteilter Folgen

Eigenschaft I: *Für jede ganze Zahl* $k \neq 0$ *und jede reelle Zahl* c *ist mit* $\omega(n)$ *auch* $k\omega(n) + c$ *gleichverteilt modulo 1.*

Nach dem Weylschen Kriterium folgt dies bei $h \neq 0, h \in \mathbf{Z}$ unmittelbar aus

$$\lim_{N \to \infty} \frac{1}{N} \sum_{n=1}^{N} e(h(k\omega(n)+c)) = e(hc) \lim_{N \to \infty} \frac{1}{N} \sum_{n=1}^{N} e((hk)\omega(n)) = 0. \quad ////$$

Zum Nachweis einer weiteren Eigenschaft gleichverteilter Folgen benützen wir folgenden

Hilfssatz 1: *Für eine gegen den Grenzwert* α *konvergierende Folge* $a(n)$ *gilt:*

$$\lim_{N \to \infty} \frac{1}{N} \sum_{n=1}^{N} a(n) = \alpha .$$

Setzt man nämlich $b(n) = a(n) - \alpha$, genügt es,

$$\lim_{N \to \infty} \frac{1}{N} \sum_{n=1}^{N} b(n) = 0$$

nachzuweisen. $b(n)$ ist eine Nullfolge, also eine beschränkte Folge. Für ein geeignet großes K können wir $|b(n)| \leqslant K$ annehmen und zu jedem positiven ϵ ein n_0 mit $|b(n)| < \epsilon/2$ für alle $n \geqslant n_0$ finden. Für $N \geqslant n_0$ berechnen wir

$$|\frac{1}{N} \sum_{n=1}^{N} b(n)| \leqslant \frac{1}{N} \sum_{n=1}^{n_0} |b(n)| + \frac{1}{N} \sum_{n=n_0+1}^{N} |b(n)| <$$
$$< \frac{1}{N} n_0 K + \frac{N-n_0}{N} \frac{\epsilon}{2} \leqslant \frac{Kn_0}{N} + \frac{\epsilon}{2} .$$

Bestimmen wir N_0 als die kleinste natürliche Zahl mit $N_0 \geqslant n_0$, $Kn_0/N_0 <$ $< \epsilon/2$, schließen wir für alle $N \geqslant N_0$

$$\left| \frac{1}{N} \sum_{n=1}^{N} b(n) \right| < \epsilon,$$

was zu zeigen war.   ////

Eigenschaft II: *Kann man zu einer modulo 1 gleichverteilten Folge $\omega(n)$ und einer beliebigen reellwertigen Folge $\omega'(n)$ eine Folge $g(n)$ ganzer Zahlen so konstruieren, daß $\omega(n) - \omega'(n) - g(n)$ gegen einen Grenzwert c strebt, muß $\omega'(n)$ bereits gleichverteilt modulo 1 sein.*

$\varphi(n) = \omega'(n) + g(n) + c - \omega(n)$ ist eine Nullfolge. Wegen $e(hg(n)) = 1$ und

$$\frac{1}{N} \sum_{n=1}^{N} e(h\omega'(n)) = \frac{1}{N} \sum_{n=1}^{N} e(h\omega(n))e(-hg(n))e(-hc)e(h\varphi(n)) =$$

$$= \frac{e(-hc)}{N} \sum_{n=1}^{N} e(h\omega(n))e(h\varphi(n))$$

genügt der Beweis von

$$\lim_{N \to \infty} \frac{1}{N} \sum_{n=1}^{N} e(h\omega(n))e(h\varphi(n)) = 0$$

für alle ganzzahligen $h \neq 0$. Dazu formen wir

$$\frac{1}{N} \sum_{n=1}^{N} e(h\omega(n))(e(h\varphi(n)) - 1 + 1)$$

zu

$$\frac{1}{N} \sum_{n=1}^{N} e(h\omega(n))(e(h\varphi(n)) - 1) + \frac{1}{N} \sum_{n=1}^{N} e(h\omega(n))$$

um. Aus $\varphi(n) \to 0$ folgt $(e(h\varphi(n)) - 1) \to 0$. Daher konvergieren beide Summanden mit $N \to \infty$ gegen Null. Beim ersten Summanden erfolgt dies nach Hilfssatz 1, beim zweiten Summanden auf Grund der Voraussetzung.   ////

Wir folgern daraus:

Eigenschaft III: *Für eine gleichverteilte Folge $\omega(n)$ und eine konvergente Folge $a(n)$ bleibt $\omega(n) + a(n)$ gleichverteilt modulo 1,*

und

Eigenschaft IV: *Eine gleichverteilte Folge bleibt auch dann gleichverteilt modulo 1, wenn man an ihr endlich viele Glieder ändert.*

Den folgenden Hilfssatz benötigen wir, um die letzte hier zu besprechende Eigenschaft gleichverteilter Folgen herleiten zu können.

Hilfssatz 2: *Aus*

$$\lim_{N \to \infty} \frac{1}{N} \sum_{n=1}^{N} a(n) = \alpha$$

folgt bei einer Folge $a(n)$ *für alle ganzen Zahlen* $k \geqslant 0$

$$\lim_{N \to \infty} \frac{1}{N} \sum_{n=1}^{N} a(n+k) = \alpha .$$

Zum Nachweis brauchen wir in

$$\frac{1}{N} \sum_{n=1}^{N} a(k+n) - \alpha = \frac{1}{N} \sum_{n=1}^{N+k} a(n) - \alpha - \frac{1}{N} \sum_{n=1}^{k} a(n) =$$

$$= \left(\frac{1}{N+k} \sum_{n=1}^{N+k} a(n) - \alpha \right) \frac{N+k}{N} + \alpha \left(1 + \frac{k}{N} \right) - \alpha - \frac{1}{N} \sum_{n=1}^{k} a(n) =$$

$$= \frac{N+k}{N} \left(\frac{1}{N+k} \sum_{n=1}^{N+k} a(n) - \alpha \right) + \alpha \frac{k}{N} - \frac{1}{N} \sum_{n=1}^{k} a(n)$$

nur den Grenzübergang $N \to \infty$ durchzuführen.   ////

Eigenschaft V: *Für jede modulo 1 gleichverteilte Folge und jede ganze Zahl* $k \geqslant 0$ *erhält man durch* $\omega(k+n)$ *weitere gleichverteilte Folgen modulo 1.*

Nach dem obigen Hilfssatz besteht nämlich die Identität

$$\lim_{N \to \infty} \frac{1}{N} \sum_{n=1}^{N} e(h\omega(k+n)) = \lim_{N \to \infty} \frac{1}{N} \sum_{n=1}^{N} e(h\omega(n)) .$$ ////

Man beachte, daß die Konvergenz *nicht* gleichmäßig in k erfolgen muß. Läge gleichmäßige Konvergenz in k vor, wäre $\omega(n)$ sogar ,,gleichmäßig gleichverteilt''. Darauf kommen wir erst später zu sprechen.

Nach der Auflistung der einfachsten Eigenschaften gleichverteilter Folgen wollen wir nun einen Zusammenhang zwischen gleichverteilten und dichten Folgen modulo 1 aufzeigen.

2. Der Umordnungssatz von J. von Neumann

Bevor wir darlegen, daß sich jede in $[0,1[$ dichte Folge zu einer gleichverteilten Folge umordnen läßt, beschäftigt uns die Frage, wie man eine gleichverteilte Folge mit einer beliebigen Folge mischen kann, ohne daß die Gleichverteiltheit verloren geht. Da es nicht gleichgültig ist, wie diese Mischung erfolgt, führen wir einen Hilfsbegriff ein:

Eine Folge $g(n)$ natürlicher Zahlen heißt *von der Dichte Null*, wenn

$$\lim_{N \to \infty} \frac{1}{N} \sum_{\substack{n \\ g(n) \leqslant N}} 1 = 0,$$

d.h. die Anzahl der Folgeglieder $g(n) \leqslant N$ im Verhältnis zu N verschwindet mit $N \to \infty$. Ein einfaches Beispiel für eine derartige Folge ist n^2.

$\omega(n)$ heißt eine aus $\omega'(n)$ und $\omega''(n)$ *gemischte Folge*, wenn jedes der Folgeglieder $\omega'(n)$ und $\omega''(n)$ genau einmal in der Folge $\omega(n)$ auftritt.

Zu jeder modulo 1 gleichverteilten Folge $\omega'(n)$ und jeder beliebigen reellwertigen Folge $\omega''(n)$ kann man eine aus beiden Folgen gemischte Folge $\omega(n)$ bilden, die immer noch gleichverteilt modulo 1 bleibt.

Zur Konstruktion von $\omega(n)$ verwenden wir eine streng monoton wachsende Folge $g(n)$ natürlicher Zahlen der Dichte Null:

$$\omega(n) = \begin{cases} \omega'(n), \text{ wenn } n \text{ mit keinem } g(k) \text{ übereinstimmt,} \\ \omega'(g(k)), \text{ wenn für ein } k \ n = g(2k-1) \text{ gilt,} \\ \omega''(k), \text{ wenn für ein } k \ n = g(2k) \text{ gilt.} \end{cases}$$

$\omega''(n)$ ist in $\omega'(n)$ sehr dünn gestreut. In

$$\left| \frac{1}{N} \sum_{n=1}^{N} (e(h\omega'(n)) - e(h\omega(n))) \right|$$

sind die Summanden höchstens dann von Null verschieden, wenn n mit einem der $g(k) \leqslant N$ übereinstimmt:

$$= \left| \frac{1}{N} \sum_{n=g(k) \leqslant N} (e(h\omega'(n)) - e(h\omega(n))) \right| \leqslant \frac{2}{N} \sum_{\substack{k \\ g(k) \leqslant N}} 1.$$

Daher gilt:

$$\lim_{N \to \infty} \frac{1}{N} \sum_{n=1}^{N} e(h\omega'(n)) = \lim_{N \to \infty} \frac{1}{N} \sum_{n=1}^{N} e(h\omega(n)),$$

woraus sich die Behauptung ergibt.   ////

Wir wenden dieses Ergebnis sofort auf Umordnungen an:

Besitzt die Folge $\omega^*(n)$ eine modulo 1 gleichverteilte Teilfolge $\omega'(n)$, dann kann man $\omega^*(n)$ so umordnen, daß die umgeordnete Folge gleichverteilt modulo 1 ist.

Fassen wir nämlich alle $\omega^*(n)$, die in $\omega'(n)$ nicht vorkommen, zu einer Folge $\omega''(n)$ zusammen, ist jede Mischung von $\omega'(n)$ und $\omega''(n)$ eine Umordnung von $\omega^*(n)$. Wählt man die Mischung so, daß die aus den beiden Folgen $\omega'(n)$ und $\omega''(n)$ gemischte Folge gleichverteilt modulo 1 ist, ergibt sich die Behauptung.   ////

Gehen wir von einer in $[0,1[$ dichten Folge $\omega^*(n)$ aus und bezeichnen wir mit $\omega^{**}(n)$ irgendeine in $[0,1[$ gleichverteilte Folge, können wir zu jedem n eine natürliche Zahl k_n mit

$$| \omega^*(k_n) - \omega^{**}(n) | < \frac{1}{n}$$

angeben (wobei die k_n mit n streng monoton wachsen). Setzen wir $\omega'(n) = \omega^*(k_n)$, ist $\omega'(n) - \omega^{**}(n)$ eine Nullfolge. Nach Eigenschaft III muß $\omega'(n)$ gleichverteilt sein, stellt also eine modulo 1 gleichverteilte Teilfolge von $\omega^*(n)$ dar. Damit gelangen wir nach dem obigen Satz zum[6]

Von Neumannschen Umordnungssatz: *Jede in $[0,1[$ dicht liegende Folge kann zu einer gleichverteilten Folge umgeordnet werden.*

3. Der Satz von Fejer

Wenn eine Folge $\omega(n)$ durch die Funktionswerte einer reellwertigen Funktion $w(t)$ an den Stellen $t = n$ gegeben ist, ist es zweckmäßig, die Summe

$$\frac{1}{N} \sum_{n=1}^{N} e(hw(n))$$

durch das Integral

$$\frac{1}{N} \int\limits_1^N e(hw(t))dt$$

zu ersetzen, weil die Berechnung von Integralen im allgemeinen leichter ist als die Ermittlung von Summen. Außerdem können wir dabei unser Wissen über C—gleichverteilte Funktionen verwerten. Allerdings dürfen wir den Fehler, den wir durch die Vertauschung von Summe und Integral verursachen, nicht unberücksichtigt lassen. Ihn ermitteln wir mit der folgenden Formel:

Eulersche Summenformel: *Für ganze Zahlen* P, Q, $(P < Q)$ *und eine in* $[P,Q]$ *stetig differenzierbare Funktion* $f(x)$ *gilt:*

$$\sum_{k=P}^{Q} f(k) = \frac{f(P) + f(Q)}{2} + \int\limits_P^Q f(x)dx + R$$

mit dem Restglied

$$R = \int\limits_P^Q (x - [x] - \frac{1}{2})f'(x)dx \, .$$

Nach W. Wirtinger beginnt man den Beweis am vorteilhaftesten mit dem Restglied:

$$R = \int\limits_P^Q (x - [x] - \frac{1}{2})f'(x)dx = \sum_{k=P}^{Q-1} \int\limits_k^{k+1} (x - k - \frac{1}{2})f'(x)dx =$$

$$= \sum_{k=P}^{Q-1} (x - k - \frac{1}{2})f(x) \Big|_{x=k}^{x=k+1} - \sum_{k=P}^{Q-1} \int\limits_k^{k+1} 1 \cdot f(x)dx =$$

$$= \sum_{k=P}^{Q-1} (\frac{1}{2}f(k+1) + \frac{1}{2}f(k)) - \int\limits_P^Q f(x)dx =$$

$$= \sum_{k=P}^{Q} f(k) - \frac{f(P) + f(Q)}{2} - \int\limits_P^Q f(x)dx \, ,$$

was zu zeigen war.   ////

Im vorliegenden Fall erhalten wir bei $h \in \mathbf{Z}$, $h \neq 0$:

(1) $\quad \frac{1}{N} \sum_{n=1}^{N} e(hw(n)) = \frac{1}{N} \int\limits_1^N e(hw(t))dt + \frac{e(hw(1)) + e(hw(N))}{2N} +$

$$+ \frac{1}{N} \int\limits_1^N (t - [t] - \frac{1}{2})2\pi i h w'(t) e(hw(t))dt \, .$$

Die bereits von Paragraph I.3 bekannten hinreichenden Bedingungen ($w(t)$ ist zweimal stetig differenzierbar, die Ableitungen ändern ab $t \geq t_0$ das

Vorzeichen nicht, und es gilt:

$$\lim_{t \to \infty} \frac{1}{tw'(t)} = 0 \;)$$

ermöglichen es, beim ersten Summanden

$$\lim_{N \to \infty} \frac{1}{N} \int_1^N e(hw(t))dt = 0$$

zu erreichen. Der zweite Summand in (1) stört überhaupt nicht, denn der Zähler ist durch 2 beschränkt, und der Nenner divergiert mit N nach unendlich. Beim dritten Summanden gelangen wir durch die Abschätzung

$$\mid \int_{t_0}^N (t-[t]-\frac{1}{2})2\pi ihw'(t)e(hw(t))dt \mid \; \leqslant \; 2\pi|h| \int_{t_0}^N |w'(t)| \, dt \; \leqslant$$

$$\leqslant 2\pi|h| \int_{t_0}^N w'(t)dt \mid \; \leqslant \; 2\pi|h|(|w(t_0)| + |w(N)| \,)$$

zur Bedingung

$$(2) \qquad\qquad\qquad \lim_{t \to \infty} \frac{w(t)}{t} = 0 \, .$$

Dies schließt schnell wachsende Funktionen $w(t)$ und damit auch schnell wachsende Folgen von unserer Untersuchung aus. Wir fassen zusammen[7]:

Satz von Fejer: *Wechseln bei einer zweimal stetig differenzierbaren Funktion* $w(t)$ *ab einem* t_0 *für* $t \geqslant t_0$ *die Ableitungen* $w'(t)$ *und* $w''(t)$ *ihre Vorzeichen nicht und gilt:*

$$\lim_{t \to \infty} \frac{1}{tw'(t)} = 0 \, , \qquad\qquad \lim_{t \to \infty} \frac{w(t)}{t} = 0 \, ,$$

dann stellt $\omega(n) = w(n)$ *eine modulo 1 gleichverteilte Folge dar.*

Die beiden nächsten Sätze sind einfache Folgerungen aus dem Satz von Fejer:

Für jedes $a \neq 0$ *und jedes* α *mit* $0 < \alpha < 1$ *stellt* $a \cdot n^\alpha$ *eine modulo 1 gleichverteilte Folge dar,*

und

Für jedes reelle $\sigma > 1$ liefert $(\log n)^\sigma$ eine modulo 1 gleichverteilte Folge.

$\sigma = 1$ müssen wir aber ausschließen: Für $h = 1$ und $w(t) = \log t$ ergibt wegen (2) und (1)

$$\lim_{N \to \infty} \frac{1}{N} | \sum_{n=1}^{N} e(\log n)| = \lim_{N \to \infty} \frac{1}{N} |\int_1^N e(\log t) \, dt| =$$

$$= \lim_{N \to \infty} \frac{1}{N} | \int_0^{\log N} e^{x(1+2\pi i)} dx| = \lim_{N \to \infty} |\frac{N^{1+2\pi i} - 1}{N(1+2\pi i)}| = \frac{1}{|1 + 2\pi i|} \neq 0 .$$

$\log n$ *ist zwar modulo 1 nicht gleichverteilt, aber modulo 1 dicht.*

$\log n$ ist deshalb eine modulo 1 dichte Folge, weil

$$\log 2^n = n \cdot \log 2$$

eine modulo 1 gleichverteilte Teilfolge von $\log n$ darstellt.   ////

Ein weiteres Beispiel soll deutlich machen, daß die Forderung nach konstanten Vorzeichen der Ableitungen im Satz von Fejer nicht unbedeutend ist. Hiezu untersuchen wir die Folge $\sin n$. Für ein beliebiges Riemannintegrierbares $f(x)$ mit Periode 1 und jede gleichverteilte Folge $\omega(n)$ modulo 1 erhalten wir

$$\lim_{N \to \infty} \frac{1}{N} \sum_{n=1}^{N} f(\sin 2\pi\omega(n)) = \int_0^1 f(\sin 2\pi t) dt .$$

Wir substituieren $x = \sin 2\pi t$ und zerlegen das Integral in drei Teile $0 \leqslant x < 1, 1 > x > -1, -1 < x \leqslant 0$, in denen x monoton wächst oder fällt:

$$= \frac{1}{2\pi} (\int_0^1 \frac{f(x)}{\sqrt{1-x^2}} dx - \int_1^{-1} \frac{f(x)}{\sqrt{1-x^2}} dx + \int_{-1}^0 \frac{f(x)}{\sqrt{1-x^2}} dx) =$$

$$= \frac{1}{\pi} \int_{-1}^1 \frac{f(x)}{\sqrt{1-x^2}} dx .$$

Wir wählen nun im besonderen $\omega(n) = n/2\pi, f(x) = c_J(x)$ bei $J = [\alpha, \beta[\subset \subset [0,1[:$

$$\lim_{N \to \infty} \frac{1}{N} \sum_{n=1}^{N} c_J(\sin n) = \frac{1}{\pi} \int_{-1}^1 \frac{c_J(x)}{\sqrt{1-x^2}} dx =$$

$$= \frac{1}{\pi} (\arcsin(\beta-1) - \arcsin(\alpha-1) + \arcsin \beta - \arcsin \alpha) .$$

Dies stimmt im allgemeinen nicht mit $\beta - \alpha$ überein. Daher:

sin n ist nicht gleichverteilt modulo 1.

Unser Interesse gilt nun einem Beispiel aus der antiken Mathematik. Theodoros[8], ein Lehrer Platons, bewies die Irrationalität der Zahlen $\sqrt{2}, \sqrt{3}, \sqrt{5}, \sqrt{6}, \sqrt{7}, \sqrt{8}, \sqrt{10}, \sqrt{11}, \sqrt{12}, \sqrt{13}, \sqrt{14}, \sqrt{15}$ und $\sqrt{17}$, indem er vermutlich diese Zahlen nacheinander in Form einer Spirale, der sogenannten *Quadratwurzelschnecke* konstruierte. Die Strecken, auf denen er die einzelnen Wurzelwerte auftrug, wiesen wie Strahlen vom Mittelpunkt weg. Er führte seinen Beweis aber nicht über $\sqrt{17}$ hinaus fort. Wie können wir uns den plötzlichen Abbruch der Beweiskette erklären?

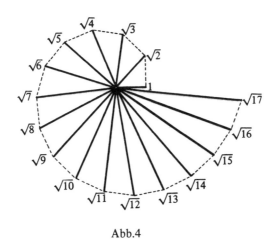

Abb.4

Da der antike Mathematiker auf Sand zeichnete, hätte die Weiterführung der Quadratwurzelschnecke über $\sqrt{17}$ hinaus die bereits gezeichneten Teile der Spirale zerstört. Das ästhetische Empfinden der Griechen ließ eine derartige Überzeichnung nicht zu. Daher wurde der Beweis bei $\sqrt{17}$ abgebrochen.

Denken wir uns nun die abgebrochene Konstruktion fortgesetzt, erhielten wir eine Folge von Strahlen, auf denen die Strecken $\sqrt{n}$ aufgetragen sind. Zwischen den Strahlen mit den Streckenlängen $\sqrt{n+1}$ und $\sqrt{n}$ wäre ein Winkel $\alpha(n)$ aufgespannt. Nennen wir von einem Punkt ausgehende Strahlen genau dann in der Ebene gleichverteilt, wenn die Summe ihrer Winkel dividiert durch den vollen Winkel 2π

$$\frac{1}{2\pi}(\alpha(1) + ... + \alpha(n)) = \frac{1}{2\pi}\varphi(n)$$

gleichverteilt modulo 1 ist, wäre Theodoros auf eine gleichverteilte Folge gestoßen. Denn:

Die Strahlen der Quadratwurzelschnecke liegen in der Ebene gleichverteilt.

Wegen

$$\sin\alpha(n) = \frac{1}{\sqrt{n+1}} \, ,$$

$$\varphi(n) = \arcsin\frac{1}{\sqrt{2}} + ... + \arcsin\frac{1}{\sqrt{n+1}} = \sum_{k=2}^{n+1} \arcsin\frac{1}{\sqrt{k}}$$

verwendet man zum Beweis die ersten Näherungen

$$\arcsin x \sim x \, ,$$

$$\varphi(n) \sim \sum_{k=2}^{n+1}\frac{1}{\sqrt{k}} \sim \int_1^{n+1}\frac{dx}{\sqrt{x}} = 2\sqrt{x}\,\Big|_{x=1}^{x=n+1} = 2(\sqrt{n+1} - 1) \, .$$

Nach dem Satz von Fejer ist

$$\frac{1}{2\pi}(2(\sqrt{n+1} - 1)) = \frac{1}{\pi}(\sqrt{n+1} - 1)$$

eine modulo 1 gleichverteilte Folge. Nach Eigenschaft II genügt der Nachweis, daß

(3) $$\lim_{n\to\infty} \left(\frac{1}{2\pi}\sum_{k=2}^{n+1}\arcsin\frac{1}{\sqrt{k}} - \frac{1}{\pi}(\sqrt{n+1} - 1)\right)$$

existiert. Wir rechnen weiter:

$$= \lim_{n\to\infty}\sum_{k=2}^{n+1}\frac{1}{2\pi}\left(\arcsin\frac{1}{\sqrt{k}} - 2(\sqrt{k} - \sqrt{k-1})\right) =$$

$$= \frac{1}{2\pi}\lim_{n\to\infty}\sum_{k=2}^{n+1}\left(\arcsin\frac{1}{\sqrt{k}} - \frac{2/\sqrt{k}}{1 + \sqrt{1 - 1/k}}\right) \, .$$

Für die Funktion

$$f(x) = \arcsin x - \frac{2x}{1 + \sqrt{1-x^2}}$$

erhalten wir wegen $f(0) = 0$

$$f(1/\sqrt{k}) = \int_0^{1/\sqrt{k}} f'(x)\mathrm{d}x = -\int_0^{1/\sqrt{k}} \frac{x^2}{\sqrt{1-x^2}(1+\sqrt{1-x^2})^2}\, \mathrm{d}x\,.$$

Berücksichtigen wir für $x \leqslant 1/\sqrt{k}$ $\sqrt{1-x^2} \geqslant \sqrt{1-1/k}$ und $k \geqslant 2$, ergibt sich

$$|f(1/\sqrt{k})| \leqslant \int_0^{1/\sqrt{k}} \frac{x^2}{\sqrt{1-x^2}}\, \mathrm{d}x \leqslant \int_0^{1/\sqrt{k}} \frac{x^2}{\sqrt{1-1/k}}\, \mathrm{d}x =$$

$$= \frac{k^{-3/2}}{3\sqrt{1-1/k}} \leqslant \frac{\sqrt{2}}{3}\, k^{-3/2}$$

Tatsächlich existiert wegen

$$\lim_{n\to\infty} \sum_{k=2}^{n+1} |f(1/\sqrt{k})| \leqslant \frac{\sqrt{2}}{3} \sum_{k=2}^{\infty} k^{-3/2} < \infty$$

der Grenzwert (3), und alles ist bewiesen.   ////

III Der Satz von van der Corput

Während langsam wachsende Folgen direkt mit der Euler-schen Summenformel auf ihre Gleichverteilung hin untersucht werden können, versagt diese Methode bei schnell wachsenden Folgen. Diese können, falls sie nicht allzu rasch zunehmen, durch die Fundamentalungleichung von van der Corput mit langsam wachsenden Folgen verglichen werden. Sie macht es möglich, auch Folgen mit starkem Wachstum auf ihre Gleichverteilung hin zu prüfen.

1. Die Fundamentalungleichung

Fundamentalungleichung von van der Corput[9]: *Für jede komplexwertige Folge* $f(n)$ *mit* $|f(n)| = 1$ *für alle* $n = 1, \ldots, N$ *und jede natürliche Zahl* $Q \leqslant N$ *besteht die folgende „fundamentale Ungleichung":*

$$| \sum_{n=1}^{N} f(n)|^2 \leqslant (\frac{N}{Q} + 1)(N + 2 \sum_{q=1}^{Q} (1 - \frac{q}{Q})| \sum_{n=1}^{N-q} \overline{f(n)}\, f(n+q)|) \, .$$

Der Einfachheit halber wollen wir im Beweis für alle ganzen Zahlen k $f(k)=0$ setzen; ausgenommen, k wäre eine der Zahlen 1, ..., N. Dann gilt selbstverständlich:

$$\sum_{n=1}^{N} f(n) = \sum_{k=-\infty}^{\infty} f(k) \, ;$$

infolgedessen:

$$\sum_{r=1}^{Q} \sum_{k=-\infty}^{\infty} f(k+r) = Q \sum_{n=1}^{N} f(n) = \sum_{k=-\infty}^{\infty} \sum_{r=1}^{Q} f(k+r) \, .$$

Alle Summanden der rechten Summe mit $k < -Q$ und $k > N-1$ brauchen nicht beachtet zu werden, denn in diesen Fällen verschwindet $f(k+r)$ für alle $r = 1, \ldots, Q$. Auf den Rest

$$Q \sum_{n=1}^{N} f(n) = \sum_{k=-Q}^{N-1} \sum_{r=1}^{Q} f(k+r)$$

wenden wir die Schwarzsche Ungleichung an:

$$| Q \sum_{n=1}^{N} f(n)|^2 = | \sum_{k=-Q}^{N-1} 1 \sum_{r=1}^{Q} f(k+r)|^2 \leqslant$$

$$\leqslant \sum_{k=-Q}^{N-1} 1 \sum_{k=-Q}^{N-1} |\sum_{r=1}^{Q} f(k+r)|^2 = (N+Q) \sum_{k=-Q}^{N-1} |\sum_{r=1}^{Q} f(k+r)|^2 =$$

$$= (N+Q) \sum_{k=-\infty}^{\infty} (\sum_{r=1}^{Q} f(k+r) \sum_{s=1}^{Q} \overline{f(k+s)}) =$$

$$= (N+Q) \sum_{r,s=1}^{Q} \sum_{k=-\infty}^{\infty} f(k+r) \overline{f(k+s)} =$$

$$= (N+Q)(\sum_{\substack{r,s=1 \\ r=s}}^{Q} \sum_{k=-\infty}^{\infty} f(k+r) \overline{f(k+s)} + \sum_{\substack{r,s=1 \\ r<s}}^{Q} \sum_{k=-\infty}^{\infty} f(k+r) \overline{f(k+s)} +$$

$$+ \sum_{\substack{r,s=1 \\ r>s}}^{Q} \sum_{k=-\infty}^{\infty} f(k+r) \overline{f(k+s)}) .$$

Nun berechnen wir jeden der drei Summanden in der Klammer:

$$\sum_{\substack{r,s=1 \\ r=s}}^{Q} \sum_{k=-\infty}^{\infty} f(k+r) \overline{f(k+s)} = \sum_{r=1}^{Q} \sum_{k=-\infty}^{\infty} |f(k+r)|^2 = \sum_{r=1}^{Q} \sum_{k=-r+1}^{N-r} 1 = QN ,$$

$$\sum_{\substack{r,s=1 \\ r<s}}^{Q} \sum_{k=-\infty}^{\infty} f(k+r) \overline{f(k+s)} = \sum_{r=1}^{Q} \sum_{s=r+1}^{Q} \sum_{k=-\infty}^{\infty} f(k+r) \overline{f(k+s)} =$$

(es ist zweckmäßig, $s = r + q$ zu setzen, $q \leqslant Q - r$)

$$= \sum_{r=1}^{Q} \sum_{q=1}^{Q-r} \sum_{k=-\infty}^{\infty} f(k+r) \overline{f(k+r+q)} = \sum_{q=1}^{Q} \sum_{r=1}^{Q-q} \sum_{k=-\infty}^{\infty} f(k+r) \overline{f(k+r+q)}$$

(da mit k auch $k + r$ ganz **Z** durchläuft)

$$= \sum_{q=1}^{Q} \sum_{r=1}^{Q-q} \sum_{k=-\infty}^{\infty} f(k) \overline{f(k+q)} = \sum_{q=1}^{Q} (Q-q) \sum_{k=-\infty}^{\infty} f(k) \overline{f(k+q)} =$$

(da $f(k) \overline{f(k+q)}$ nur für die Zahlen $k = 1, ..., N-q$ nicht verschwindet)

$$= \sum_{q=1}^{Q} (Q-q) \sum_{n=1}^{N-q} f(n) \overline{f(n+q)} .$$

Der dritte Summand unterscheidet sich vom zweiten bloß dadurch, daß r und s ihre Rollen vertauschen. Eine analoge Rechnung ergibt:

$$\sum_{\substack{r,s=1 \\ r>s}}^{Q} \sum_{k=-\infty}^{\infty} f(k+r) \overline{f(k+s)} = \sum_{q=1}^{Q} (Q-q) \sum_{n=1}^{N-q} \overline{f(n)} f(n+q) .$$

Wir fassen zusammen:

$$| Q \sum_{n=1}^{N} f(n)|^2 \leqslant (N + Q)(QN + \sum_{q=1}^{Q} (Q-q) \sum_{n=1}^{N-q} (f(n) \overline{f(n+q)} + \overline{f(n)} f(n+q))) =$$

$$= (N + Q)(QN + 2 \sum_{q=1}^{Q} (Q - q) \text{Re}(\sum_{n=1}^{N-q} \overline{f(n)} f(n+q))) \leqslant$$

$$\leqslant (N + Q)(QN + 2 \sum_{q=1}^{Q} (Q - q)| \sum_{n=1}^{N-q} \overline{f(n)} \, f(n+q)|) .$$

Division durch Q^2 auf beiden Seiten liefert die behauptete Fundamental-ungleichung.   ////

Um dann bei der Darlegung der verschiedenen Anwendungen der Fundamentalungleichung nicht aufgehalten zu werden, besprechen wir jetzt zwei Hilfssätze:

Hilfssatz 1: *Für beliebige natürliche Zahlen* m *und ganze Zahlen* k *gilt:*

$$\sum_{j=0}^{m-1} e(k \frac{j}{m}) = \begin{cases} m & im \ Falle \ \ k \equiv 0 \ (\text{mod} \ m), \\ 0 & sonst. \end{cases}$$

Der Beweis ist für den Fall $k \equiv 0$ (mod m) wegen $kj/m \in \mathbf{Z}$ trivial; bei $k \not\equiv 0$ (mod m) folgt aus $e(k/m) \neq 1$, $e(0) = e(k) = 1$ und

$$\sum_{j=0}^{m-1} e(k \frac{j}{m}) = \sum_{j=0}^{m-1} e(k \frac{j+1}{m}) = e(\frac{k}{m}) \sum_{j=0}^{m-1} e(k \frac{j}{m})$$

die behauptete Formel.   ////

Hilfssatz 2: *Für jede Folge* $a(n)$ *und je zwei natürliche Zahlen* N, m *gilt:*

$$\sum_{n=0}^{N} a(n) = \sum_{q=0}^{Q} \sum_{r=0}^{m-1} a(mq+r) + \sum_{r=0}^{R} a(mQ+r) ,$$

wobei die ganzen Zahlen $Q = [N/m]$, $R = N - mQ$

$$N = mQ + R , \qquad\qquad 0 \leqslant R < m$$

erfüllen.

Diese Behauptung beruht auf einer einfachen Anwendung des Satzes von der Division mit Rest[10] aus der elementaren Zahlentheorie, wonach jedes n als

$$n = mq + r , \qquad\qquad 0 \leqslant r \leqslant m-1 ,$$

geschrieben werden kann. ////

2. Der Hauptsatz

Aus der Fundamentalungleichung folgerte J.G. van der Corput[11] den

Hauptsatz der Theorie der Gleichverteilung: *Sind die Differenzenfolgen* $\omega(n+q) - \omega(n)$ *einer reellwertigen Folge* $\omega(n)$ *für alle natürlichen Zahlen* q *gleichverteilt modulo* 1, *muß auch* $\omega(n)$ *selbst gleichverteilt modulo* 1 *sein.*

In der Tat: die Fundamentalungleichung besagt (bei einem beliebigen ganzzahligen $h \neq 0$):

$$|\frac{1}{N} \sum_{n=1}^{N} e(h\omega(n))|^2 \leq (\frac{1}{Q}+\frac{1}{N})(1 + 2 \sum_{q=1}^{Q} (1-\frac{q}{Q})|\frac{1}{N} \sum_{n=1}^{N-q} e(h(\omega(n+q)-\omega(n)))|).$$

Die Voraussetzung des Satzes bewirkt:

$$\lim_{N \to \infty} \frac{1}{N} \sum_{n=1}^{N-q} e(h(\omega(n+q)-\omega(n))) =$$

$$= \lim_{N \to \infty} \frac{N-q}{N} \frac{1}{N-q} \sum_{n=1}^{N-q} e(h(\omega(n+q)-\omega(n))) = 0 ;$$

deshalb verbleibt

$$\overline{\lim_{N \to \infty}} |\frac{1}{N} \sum_{n=1}^{N} e(h\omega(n))|^2 \leq \frac{1}{Q} .$$

Da wir die natürliche Zahl Q beliebig groß annehmen dürfen, ist der Beweis erbracht. ////

N.M. Korobow und A.G. Postnikow[12] haben den Hauptsatz von van der Corput folgendermaßen verschärft:

Satz von Korobow und Postnikow: *Sind die Differenzenfolgen* $\omega(n+q)-\omega(n)$ *bei einer reellwertigen Folge* $\omega(n)$ *für alle natürlichen Zahlen* q *gleichverteilt modulo* 1, *müssen auch die Folgen* $\omega(nm+r)$ *gleichverteilt modulo* 1 *sein, wobei* m *für eine beliebige natürliche und* $r > -m$ *für eine beliebige ganze Zahl stehen.*

Wegen Eigenschaft V genügt es, die Gleichverteiltheit von $\omega(nm)$ nachzuweisen.

Wir berechnen nach Hilfssatz 1 des vorigen Paragraphen für jedes ganzzahlige $h \neq 0$:

$$| \sum_{n=1}^{N} e(h\omega(nm))| = | \sum_{\substack{n=1 \\ n \equiv 0 \,(\text{mod } m)}}^{Nm} e(h\omega(n))| =$$

$$= | \frac{1}{m} \sum_{n=1}^{Nm} e(h\omega(n)) \sum_{j=0}^{m-1} e(n\frac{j}{m})| = | \frac{1}{m} \sum_{j=0}^{m-1} \sum_{n=1}^{Nm} e(h\omega(n) + \frac{nj}{m})| <$$

$$< \frac{1}{m} \sum_{j=0}^{m-1} | \sum_{n=1}^{Nm} e(h\omega(n) + \frac{nj}{m})|.$$

Daher brauchen wir nur für alle $j = 0, 1, \ldots, m-1$

$$\lim_{N \to \infty} \frac{1}{Nm} \sum_{n=1}^{Nm} e(h\omega(n) + \frac{nj}{m}) = 0$$

herzuleiten. Zu diesem Zweck setzen wir $f(n) = e(h\omega(n) + nj/m)$ in die Fundamentalungleichung ein:

$$\overline{f(n)}f(n+q) = e(h\omega(n+q) + \frac{(n+q)j}{m} - h\omega(n) - \frac{nj}{m}) =$$

$$= e(h(\omega(n+q) - \omega(n)))e(\frac{qj}{m}),$$

woraus wir auf

$$| \frac{1}{Nm} \sum_{n=1}^{Nm} e(h\omega(n) + \frac{nj}{m})|^2 <$$

$$< (\frac{1}{Nm} + \frac{1}{Q})(1 + \frac{2}{Nm} \sum_{q=1}^{Q} (1 - \frac{q}{Q})| \sum_{n=1}^{Nm-q} e(h(\omega(n+q) - \omega(n)))e(\frac{qj}{m})|),$$

wegen der Gleichverteiltheit von $\omega(n+q) - \omega(n)$ auf

$$\overline{\lim_{N \to \infty}} | \frac{1}{Nm} \sum_{n=1}^{Nm} e(h\omega(n) + \frac{nj}{m})|^2 < \frac{1}{Q}$$

schließen und bei $Q \to \infty$ zur Behauptung gelangen.   ////

    Als erste Anwendung des Hauptsatzes betrachten wir ein Polynom $p(x)$ vom Grad $k \geq 1$ und die sich daraus ergebende Folge $p(n)$. Im Fall $k = 1$ lehrt der Kroneckersche Satz, daß ein irrationaler Koeffizient des linearen Gliedes notwendig und hinreichend für die Gleichverteilung von $p(n)$ ist. Nehmen wir mit Induktion an, die $p(n)$ von einem Grad zwischen 1 und k seien gleichverteilt modulo 1, sofern $p(x)$ einen irrationalen Anfangskoeffizienten besitzt, und a_{k+1} bezeichne in

$$p(x) = a_{k+1}x^{k+1} + a_k x^k + \dots$$

eine irrationale Zahl, dann bildet für jedes ganzzahlige q

$$p(x+q) - p(x) = a_{k+1}((x+q)^{k+1} - x^{k+1}) + a_k((x+q)^k - x^k) + \dots =$$

$$= a_{k+1}(\sum_{j=1}^{k+1} \binom{k+1}{j}q^j x^{k+1-j}) + a_k(\sum_{j=1}^{k} \binom{k}{j}q^j x^{k-j}) + \dots$$

ein Polynom k-ten Grades mit einem irrationalen Anfangskoeffizienten. Da nach Induktionsannahme $p(n+q) - p(n)$ für alle q modulo 1 gleichverteilt ist, besitzt auch $p(n)$ diese Eigenschaft nach dem Hauptsatz. Wir behaupten aber noch mehr[3]:

Satz von Weyl: *Für jedes Polynom $p(x)$, bei dem in $p(x) - p(0)$ mindestens ein irrationaler Koeffizient auftritt, bildet $p(n)$ eine modulo 1 gleichverteilte Folge.*

$p(x)$ sei

$$a_k x^k + a_{k-1}x^{k-1} + \dots + a_1 x + a_0,$$

und i sei der größte Index mit irrationalem Koeffizienten. $a_{i+1}, \dots, a_k$ stellen dann rationale Zahlen mit einem kleinsten gemeinsamen Nenner m dar. Dabei beschränken wir uns auf $i < k$, denn $i = k$ ist wegen der obigen Überlegung uninteressant geworden. Nach Hilfssatz 2 des vorigen Paragraphen ergibt

$$\frac{1}{N}\sum_{n=1}^{N} e(hp(n)) = \frac{1}{N}\sum_{n=0}^{N} e(hp(n)) - \frac{1}{N}e(hp(0)) =$$

$$= \frac{1}{N}\sum_{r=0}^{m-1}\sum_{q=0}^{Q-1} e(hp(mq+r)) + \frac{1}{N}\sum_{r=0}^{R} e(hp(mQ+r)) - \frac{1}{N}e(hp(0)).$$

Berücksichtigen wir dies und die Abschätzungen

$$|\frac{1}{N}\sum_{r=0}^{R} e(hp(mQ+r))| \leqslant \frac{R+1}{N} \leqslant \frac{m}{N}$$

$$|\frac{1}{N}e(hp(0))| \leqslant \frac{1}{N},$$

so brauchen wir bloß

$$\lim_{N \to \infty} \frac{1}{N} \sum_{q=0}^{Q-1} e(hp(mq+r)) = 0$$

für alle $r = 0, 1, ..., m-1$ herzuleiten. Wegen $Q = [N/m]$ gilt nicht nur $Q/N \leqslant 1/m$, Q divergiert mit N auch gegen unendlich. Die obige Formel ist bewiesen, wenn wir

$$\lim_{Q \to \infty} \frac{1}{Q} \sum_{q=0}^{Q-1} e(hp(mq+r)) = 0$$

zeigen. Eine einfache Rechnung spaltet

$$p(mq+r) = \sum_{j=i+1}^{k} a_j(mq+r)^j + \sum_{j=0}^{i} a_j(mq+r)^j =$$

$$= \sum_{j=i+1}^{k} a_j \sum_{s=1}^{j} \binom{j}{s} m^s q^s r^{j-s} + \sum_{j=i+1}^{k} a_j r^j + p^*(q)$$

in drei Summanden auf, wobei der erste Summand aus ganzen Zahlen $g(q)$ besteht, der zweite einen von q unabhängigen Wert α annimmt und der dritte $p^*(q)$ das Polynom

$$p^*(x) = \sum_{j=0}^{i} a_j(mx+r)^j$$

(mit einem irrationalen Anfangskoeffizienten) an den Stellen q darstellt. Der Ausdruck

$$\frac{1}{Q} \sum_{q=0}^{Q-1} e(hp(mq+r)) = \left(\frac{1}{Q} \sum_{q=0}^{Q-1} e(hp^*(q)) \right) e(h\alpha)$$

strebt nach den Überlegungen, die wir vor der Formulierung des Satzes anstellten, bei $Q \to \infty$ nach Null, was zu zeigen war.   /////

Insbesondere erhalten wir als Folgerung:

Für jede irrationale Zahl α und jede natürliche Zahl k bildet $\alpha \cdot n^k$ eine modulo 1 gleichverteilte Folge.

Weyl ging noch einen Schritt weiter: er fand eine mehrdimensionale Verallgemeinerung des genannten Satzes[3]:

Bezeichnen $p_l(x)$ nichtkonstante Polynome der Gestalt

$$p_l(x) = \alpha_{lK} x^K + \alpha_{lK-1} x^{K-1} + \ldots + \alpha_{l1} x + \alpha_{l0}$$

(die Anfangskoeffizienten α_{lK} können auch Null sein) und stellen die von Null verschiedenen Koeffizienten unter den α_{lk}, $l = 1, \ldots, L$, für jedes $k = 1, 2, \ldots, K$ linear unabhängige Zahlen über $\mathbf{Z}$ dar, dann bildet $p_l(n)$ eine modulo 1 gleichverteilte Folge.

Für jeden vom Nullpunkt verschiedenen Gitterpunkt $h_l \in \mathbf{Z}^L$ erhalten wir nämlich

$$h_l p_l(x) = h_l \alpha_{lK} x^K + h_l \alpha_{lK-1} x^{K-1} + \ldots + h_l \alpha_{l1} x + h_l \alpha_{l0} .$$

Wären alle Zahlen $h_l \alpha_{l1}, \ldots, h_l \alpha_{lK}$ rational, besäßen sie einen kleinsten gemeinsamen Nenner m mit

$$m h_l \alpha_{l1} \in \mathbf{Z}, \ldots, m h_l \alpha_{lK} \in \mathbf{Z} .$$

Nun existiert aber ein Index $j \leqslant L$ mit $h_j \neq 0$. Da $p_j(x)$ nicht konstant ist, finden wir ein k mit $1 \leqslant k \leqslant K$ und $\alpha_{jk} \neq 0$. Trotzdem wäre $m h_l \alpha_{lk}$ eine ganze Zahl, und folglich erwiesen sich die von Null verschiedenen Zahlen unter den α_{lk} als linear abhängig über $\mathbf{Z}$. Da die Voraussetzung diesen Fall ausschließt, muß unter den $h_l \alpha_{lk}$, $k = 1, \ldots, K$, mindestens eine irrationale Zahl vorhanden sein. $h_l p_l(n)$ stellt eine (eindimensionale) modulo 1 gleichverteilte Folge dar. Wegen

$$\lim_{N \to \infty} \frac{1}{N} \sum_{n=1}^{N} e(h_l p_l(n)) = 0$$

ist die Behauptung bewiesen.   ////

Betrachten wir den Spezialfall $\alpha_{lk} = 0$ für $l \neq k$. $\alpha_{ll} = \alpha(l)$ sei irrational (und damit als alleinstehende Zahl linear unabhängig über $\mathbf{Z}$):

Für beliebige irrationale Zahlen $\alpha(l)$ bildet $\omega_l(n) = \alpha(l) \cdot n^l$ eine modulo 1 gleichverteilte Folge.

Insbesondere gilt:

Für jede irrationale Zahl α stellt $\omega_l(n) = \alpha \cdot n^l$ eine modulo 1 gleichverteilte Folge dar.

3. Temperierte Funktionen

J. Cigler[13] verknüpfte die Erkenntnisse des Satzes von Fejer und des Hauptsatzes von van der Corput miteinander und schuf den Begriff der temperierten Funktion. Wir nennen eine $(K+2)$–mal stetig differenzierbare Funktion $w(t)$ *temperiert von der Ordnung* K, wenn ab einer Stelle $t \geqslant t_0$ sowohl $w^{(K+1)}(t)$ als auch $w^{(K+2)}(t)$ konstante Vorzeichen besitzen und

$$\lim_{t \to \infty} \frac{w^{(K)}(t)}{t} = 0, \qquad \lim_{t \to \infty} \frac{1}{t w^{(K+1)}(t)} = 0$$

gegeben ist. Ist $w(t)$ von irgendeiner Ordnung $K \geqslant 0$ temperiert, nennen wir $w(t)$ schlechthin *temperiert*.

Im folgenden ist wichtig, daß man durch das Bilden von Differenzen von temperierten Funktionen höherer Ordnung zu temperierten Funktionen niederer Ordnung gelangen kann:

Hilfssatz: *Für jede temperierte Funktion* $w(t)$ *von der Ordnung* $K \geqslant 1$ *und jede positive Zahl* α *ist* $u(t) = w(t+\alpha) - w(t)$ *temperiert von der Ordnung* $K - 1$.

Wegen

$$u^{(K+1)}(t) = w^{(K+1)}(t+\alpha) - w^{(K+1)}(t) = \int_t^{t+\alpha} w^{(K+2)}(s)ds$$

und

$$u^{(K)}(t) = \int_t^{t+\alpha} w^{(K+1)}(s)ds$$

besitzen nämlich $u^{(K+1)}(t)$ und $u^{(K)}(t)$ gemeinsam mit $w^{(K+2)}(t)$ und $w^{(K+1)}(t)$ ab einem $t \geqslant t_0$ konstante Vorzeichen. Bezeichnen wir mit $\vartheta(t)$ und $\eta(t)$ jene Werte zwischen 0 und α, für die

$$|w^{(K)}(t + \vartheta(t))| = \sup_{t \leqslant s \leqslant t+\alpha} |w^{(K)}(s)|,$$

$$|w^{(K+1)}(t + \eta(t))| = \inf_{t \leqslant s \leqslant t+\alpha} |w^{(K+1)}(s)|$$

gilt, erhalten wir

$$\overline{\lim_{t \to \infty}} \left| \frac{u^{(K-1)}(t)}{t} \right| = \overline{\lim_{t \to \infty}} \left| \frac{1}{t} \int_t^{t+\alpha} w^{(K)}(s)ds \right| \leqslant$$

$$\leqslant \overline{\lim_{t\to\infty}} \; \alpha \cdot \left| \frac{w^{(K)}(t+\vartheta(t))}{t+\vartheta(t)} \right| \frac{t+\vartheta(t)}{t} = 0$$

und

$$\overline{\lim_{t\to\infty}} \; \left| \frac{1}{tu^{(K)}(t)} \right| = \overline{\lim_{t\to\infty}} \; (t \int\limits_{t}^{t+\alpha} |w^{(K+1)}(s)| ds)^{-1} \leqslant$$

$$\leqslant \overline{\lim_{t\to\infty}} \; \left| \frac{1}{(t+\eta(t))w^{(K+1)}(t+\eta(t))} \right| \frac{t+\eta(t)}{t} = 0 \, ,$$

woraus die Behauptung folgt. ////

Die Rolle, die bei den Polynomen des vorigen Paragraphen der Grad gespielt hat, wird bei den temperierten Funktionen von der Ordnung übernommen. Die im Satz von Fejer behandelten Funktionen sind die temperierten Funktionen der Ordnung 0. Cigler verallgemeinerte den Fejerschen Satz und zeigte:

Für jede temperierte Funktion $w(t)$ *von der Ordnung* K *und beliebige reelle Zahlen* $\alpha_0 \neq 0, \alpha_1, ..., \alpha_K$ *stellt*

$$\alpha_0 w(n) + \alpha_1 w'(n) + ... + \alpha_K w^{(K)}(n)$$

eine modulo 1 gleichverteilte Folge dar.

Denn wir stellen fest: Wegen des schließlich konstanten Vorzeichens von $w^{(K+2)}(t)$ existiert der Grenzwert

$$\lim_{t\to\infty} \; w^{(K+1)}(t)$$

in jedem Fall (wenn wir die extremen Möglichkeiten $\pm\infty$ miteinschließen). Nach der Regel von de l'Hospital[14] können wir ihn sogar berechnen:

$$0 = \lim_{t\to\infty} \frac{w^{(K)}(t)}{t} = \lim_{t\to\infty} w^{(K+1)}(t) \, .$$

Hieraus folgt für jede positive Zahl α

$$\overline{\lim_{t\to\infty}} \; |w^{(K)}(t+\alpha) - w^{(K)}(t)| = \overline{\lim_{t\to\infty}} \; |\int\limits_{t}^{t+\alpha} w^{(K+1)}(s) ds| \leqslant$$

$$\leqslant \lim_{t\to\infty} \; \alpha \cdot |w^{(K+1)}(t + \vartheta(t))| = 0 \, ,$$

wobei $\vartheta(t) \in [0,\alpha]$ einen geeigneten Zwischenwert darstellt. Wir führen die

Bezeichnungen

$$\omega(n) = \alpha_0 w(n) + \alpha_1 w'(n) + \dots + \alpha_K w^{(K)}(n)$$

und bei einer natürlichen Zahl q

$$u(n) = w(n+q) - w(n)$$

ein. Der Nachweis des Satzes erfolgt nun mit vollständiger Induktion nach K. Im Fall $K = 0$ bleibt von der Behauptung der Satz von Fejer übrig. Nehmen wir an, daß der Satz für $K-1$ bereits gilt, erhalten wir aus

$$\omega(n+q) - \omega(n) = \alpha_0 u(n) + \alpha_1 u'(n) + \dots + \alpha_{K-1} u^{(K-1)}(n) +$$

$$+ \alpha_K (w^{(K)}(n+q) - w^{(K)}(n))$$

die Darstellung der Differenzenfolge $\omega(n+q) - \omega(n)$ als Summe einer nach Induktionsannahme modulo 1 gleichverteilten Folge

$$\alpha_0 u(n) + \alpha_1 u'(n) + \dots + \alpha_{K-1} u^{(K-1)}(n)$$

(denn $u(t) = w(t+q) - w(t)$ ist nach dem Hilfssatz temperiert von der Ordnung $K-1$) und einer konvergenten Folge

$$\alpha_K (w^{(K)}(n+q) - w^{(K)}(n))$$

(denn es gilt: $\lim_{n\to\infty} w^{(K)}(n+q) - w^{(K)}(n) = 0$). Nach Eigenschaft III ist diese Differenzenfolge $\omega(n+q) - \omega(n)$ für jedes q gleichverteilt modulo 1. Daher ist nach dem Hauptsatz auch $\omega(n)$ selbst gleichverteilt modulo 1, was behauptet wurde.   ////

Die nachstehende Folgerung war bereits van der Corput bekannt:

Für jede temperierte Funktion $w(t)$ stellt $w(n)$ eine modulo 1 gleichverteilte Folge dar.

Insbesondere erhalten wir[15]:

Für jede reelle Zahl $a \neq 0$ und jede positive nichtganze Zahl α ist $a \cdot n^{\alpha}$ gleichverteilt modulo 1.

t^α ist nämlich temperiert von der Ordnung $[\alpha]$.   ////

Für mehrdimensionale Folgen behaupten wir[13] :

Für eine temperierte Funktion $w(t)$ *der Ordnung* $L-1$ *und für lauter von Null verschiedene Zahlen* $\alpha_l \neq 0$ *erhalten wir durch* $\omega_l(n) = \alpha_l w^{(l-1)}(n)$ *eine* L-*dimensionale modulo* 1 *gleichverteilte Folge.*

Da in $w^{(l-1)}(n)$ l nicht als *Index* auftritt, wird bei $\alpha_l w^{(l-1)}(n)$ natürlich *nicht* über l summiert. Dies geschieht aber bei

$$h_l \alpha_l w^{(l-1)}(n) \ ;$$

$h_l \in \mathbf{Z}^L$ steht für einen beliebigen vom Nullpunkt verschiedenen Gitterpunkt. Bezeichnet $j \leqslant L$ den kleinsten Index mit $h_j \neq 0$, ergibt sich

$$h_l \alpha_l w^{(l-1)}(n) = h_j \alpha_j w^{(j-1)}(n) + \ldots + h_L \alpha_L w^{(L-1)}(n) .$$

$w^{(j-1)}(t)$ ist offensichtlich eine temperierte Funktion von der Ordnung $L-j$. Mit $h_l \alpha_l w^{(l-1)}(n)$ liegt somit eine modulo 1 gleichverteilte (eindimensionale) Folge vor. Hieraus folgt

$$\lim_{N \to \infty} \frac{1}{N} \sum_{n=1}^{N} e(h_l \alpha_l w^{(l-1)}(n)) = 0 ,$$

und die Behauptung ist bewiesen.   ////

Dies bedeutet im Fall der Funktion t^α:

Für jede reelle Zahl α *mit* $L-1 < \alpha < L$ *ist die Folge* $\omega_l(n) = n^{\alpha+1-l}$ *gleichverteilt modulo* 1.

2. Teil
VERALLGEMEINERUNGEN

IV Gleichverteilung in kompakten Räumen

Wichtige Sätze in der Theorie der Gleichverteilung — allen voran das Weylsche Kriterium — beruhen auf der topologischen Struktur der Menge $\mathbf{R}/\mathbf{Z}$. *Konzentrieren wir uns allein auf die Topologie, erreichen wir zwanglos den Begriff der gleichverteilten Folge* $\omega(n)$ *in einem kompakten Raum. Von der diskreten Variablen* n *kann man zu allgemeineren Variablen* s *übergehen, die Räume mit einer bestimmten maßtheoretischen Struktur durchlaufen, und gelangt so zum Begriff der gleichverteilten Funktion* $\omega(s)$. *Daß sich diese Aufstiege ins Abstrakte nicht in den luftleeren Raum verirren, vielmehr den Horizont unseres bisherigen Wissens erweitern, belegen wir an besonders geeigneten Beispielen.*

1. Gleichverteilung in Restklassengruppen

Wenn man sich auf den Weg in die Wüste der allgemeinen mathematischen Strukturen begibt, muß man einige Oasen konkreter Beispiele kennen, sonst droht die Gefahr des Verdurstens. Sehen wir von allen Beiläufigkeiten des Einheitsintervalles $[0,1[$ ab, bleiben einerseits die *algebraische Struktur* des Rechnens modulo 1 und — noch mehr im Hintergrund — die *topologische Struktur* des Kompaktums $\mathbf{R}/\mathbf{Z}$. Beides wollen wir zunächst noch vor Augen haben, wenn wir uns um Verallgemeinerungen bemühen. Es soll also vorerst von der *Gleichverteilung in kompakten Gruppen* die Rede sein.

Die am einfachsten denkbare kompakte Gruppe dient uns als Oase. Dies ist die Gruppe M der *Restklassen modulo m*. Unter den Elementen von M verstehen wir dabei die Zahlen $0, 1, ..., m-1$, doch addieren wir sie im Sinne der Addition modulo m. Wir setzen der Einfachheit halber und um Mißverständnisse zu vermeiden, stets $m \geqslant 2$ voraus. Falls man bei den ganzen Zahlen $\mathbf{Z}$ zwischen jenen Elementen nicht unterscheidet, deren Differenz ein Vielfaches von m beträgt, kann man $\mathbf{Z}$ mit M identifizieren. Führen wir in M die diskrete Topologie ein, wird M zu einer kompakten Gruppe

– allerdings mit einer Topologie, welche die Rolle eines Statisten spielt, der niemals zu Worte kommt.

Analog zur Gleichverteilung modulo 1 nennen wir eine Folge $\omega(n)$ ganzer Zahlen genau dann *gleichverteilt modulo m*, wenn die Anzahl der ersten N Folgeglieder, die zu einer Restklasse h aus M kongruent sind, im Verhältnis zu N bei $N \to \infty$ genau $1/m$ beträgt. Führt man die charakteristische Funktion

$$c_h(k) = \begin{cases} 1, \text{wenn } k \equiv h \pmod{m}, \\ 0 \text{ sonst} \end{cases}$$

ein, bedeutet diese Forderung:

$$\lim_{N \to \infty} \frac{1}{N} \sum_{n=1}^{N} c_h(\omega(n)) = \frac{1}{m}.$$

Da jede Funktion $f(k)$ ganzer Zahlen k mit Periode m

$$f(k) = \sum_{h \in M} f(h) c_h(k)$$

erfüllt, ist $\omega(n)$ demzufolge genau dann gleichverteilt modulo m, wenn für alle $f(k)$ die Beziehung

$$\lim_{N \to \infty} \frac{1}{N} \sum_{n=1}^{N} f(\omega(n)) = \frac{1}{m} \sum_{h \in M} f(h)$$

gilt. Damit haben wir das Analogon zur entsprechenden Formel

$$\lim_{N \to \infty} \frac{1}{N} \sum_{n=1}^{N} f(\omega(n)) = \int_0^1 f(x) dx$$

bei reellwertigen modulo 1 gleichverteilten Folgen und stetigen Funktionen über $\mathbf{R}$ mit Periode 1 entdeckt, denn jedes $f(k)$ ist natürlich stetig. Hiebei bemerken wir, daß die Rolle des Integrals nun von der Summe

(1) $$\frac{1}{m} \sum_{h \in M} f(h)$$

übernommen wird. Wir wollen vor allem auf die Formel

$$\frac{1}{m} \sum_{h \in M} f(h) = \frac{1}{m} \sum_{h \in M} f(h + k)$$

für alle mit der Periode m periodischen $f(k)$ hinweisen. Sie entspricht

4 *

bei stetigen $f(x)$ über $\mathbf{R}$ mit Periode 1 der Formel

$$\int_0^1 f(x)\mathrm{d}x = \int_0^1 f(x+y)\mathrm{d}x \; .$$

Das Integral über $[0,1[$ bei den reellen Zahlen modulo 1 wie auch die Summe (1) bei den Restklassen modulo m stellen Spezialfälle eines grundlegenden Begriffes dar[16]: Jede kompakte Gruppe G (mit einer Multiplikation als Gruppenoperation) besitzt ein reguläres Borelmaß γ, wobei alle stetigen Funktionen $f(g)$ auf der Gruppe und alle Gruppenelemente h die *Translationsinvarianz*

$$\int_G f(hg)\mathrm{d}\gamma(g) = \int_G f(g)\mathrm{d}\gamma(g)$$

erfüllen und $\gamma(G) = 1$ ist. γ heißt das (normierte) *Haarsche Maß* der Gruppe.

In Hinblick auf unser Beispiel liegt die folgende allgemeine Definition nahe: Eine Folge $\omega(n)$ in einer kompakten Gruppe G heißt *gleichverteilt*, wenn für alle über G stetigen Funktionen $f(g)$ die Beziehung

$$(2) \qquad \lim_{N \to \infty} \frac{1}{N} \sum_{n=1}^{N} f(\omega(n)) = \int_G f(g)\mathrm{d}\gamma(g)$$

besteht[17].

Mit dieser Festlegung haben wir die gleichverteilten Folgen modulo 1 in $\mathbf{R}/\mathbf{Z}$, aber auch die mehrdimensionalen gleichverteilten Folgen in $\mathbf{R}^L/\mathbf{Z}^L$ und die gleichverteilten Folgen in der Restklassengruppe M allgemein beschrieben.

Es erhebt sich die Frage, ob in allgemeinen kompakten Gruppen überhaupt gleichverteilte Folgen existieren können. Da die Folgen in der Gruppe nur abzählbare Mengen bilden und das Haarsche Maß jeder nichtleeren offenen Menge in G positiv ist, wird die *Separabilität* der Gruppe eine unverzichtbare Voraussetzung sein[4]. W.A. Veech[18] konnte die Hinlänglichkeit dieser Bedingung beweisen: jede separable kompakte Gruppe besitzt mindestens eine gleichverteilte Folge. Ein kürzerer Beweis dafür wurde von H. Rindler[19] erbracht. Wir gehen hier darauf nicht näher ein, verweisen aber auf den nachfolgenden Paragraphen, wo wir für *metrisierbare* kompakte Gruppen die Existenz gleichverteilter Folgen herleiten.

Bei der Restklassengruppe M können wir nach I. Niven[20] und S. Uchiyama[21] die gleichverteilten Folgen noch anders charakterisieren. Zunächst beachten wir, daß man wegen des Hilfssatzes 2 von Paragraph III.1 jede mit Periode m periodische Funktion $f(k)$ als „Fourierreihe"

$$f(k) = \sum_{h \in M} \tilde{f}(h) e(\frac{hk}{m})$$

mit den „Fourierkoeffizienten"

$$\tilde{f}(h) = \frac{1}{m} \sum_{r \in M} f(r) e(\frac{-rh}{m})$$

darstellen kann. Für die Kennzeichnung der Gleichverteilung genügt folglich die Beschränkung auf die Funktionen $e(hk/m)$, wobei die Variable k ganz M bzw. alle ganzen Zahlen durchläuft.

Eine ganzzahlige Folge $\omega(n)$ *ist dann und nur dann gleichverteilt modulo* m, *wenn für alle* $h \in M$, $h \neq 0$ *die Beziehung*

$$\lim_{N \to \infty} \frac{1}{N} \sum_{n=1}^{N} e(\frac{h\omega(n)}{m}) = 0$$

besteht.

Der Satz kann ohne Zweifel als *Weylsches Kriterium* in der Restklassengruppe M angesprochen werden, denn genauso, wie bei den Funktionen $e(hx)$ über $\mathbf{R}/\mathbf{Z}$

$$e(h(x + y)) = e(hx)e(hy)$$

gilt, erfüllen auch die Funktionen $e(hk/m)$ über M

$$e(\frac{h(k + r)}{m}) = e(\frac{hk}{m})e(\frac{hr}{m}) .$$

In beiden Fällen liegen *Charaktere* der jeweiligen Gruppen vor.

Man wird nun allgemein für kompakte metrisierbare Gruppen die Frage aufwerfen, ob das Überprüfen von (2) an einer kleineren Funktionenfamilie als der Klasse aller stetigen Funktionen für die Gleichverteilung von $\omega(n)$ bereits genügt. Vor allem wird man die *Charaktere* der Gruppe ins Auge fassen, also jene stetigen komplexwertigen Funktionen $e(g)$, die durch $|e(g)| = 1$ und $e(gh) = e(g)e(h)$ gekennzeichnet sind. Alle Charaktere — der triviale Charakter $e_0(g) = 1$ ausgenommen — ergeben integriert

$$\int_G e(g)\mathrm{d}\gamma(g) = 0 ;$$

dies ersieht man aus der Translationsinvarianz des Haarschen Maßes. Die Frage lautet daher: *Ist* $\omega(n)$ *in* G *bereits dann gleichverteilt, wenn jeder nichttriviale Charakter* $e(g)$

$$\lim_{N \to \infty} \frac{1}{N} \sum_{n=1}^{N} e(\omega(n)) = 0$$

erfüllt?

Kann man diese Frage positiv beantworten, bedeutet das: Alle Sätze des Paragraphen II.1, der Hauptsatz von van der Corput und der Satz von Korobow und Postnikow könnten unmittelbar auf kompakte Gruppen verallgemeinert werden.

Die Antwort fällt allerdings nur bei *kommutativen* Gruppen bejahend aus. Nach dem Satz von F. Peter und H. Weyl[16] muß man im allgemeinen Fall statt Charaktere *irreduzible unitäre Darstellungen* der Gruppe zur Überprüfung heranziehen. Dies reicht dennoch aus, die genannten Sätze auf kompakte Gruppen zu übertragen. Das Rechnen mit Darstellungen bringt zwar einen größeren rechentechnischen Aufwand mit sich, aber die Beweisidee kann man wie im Fall der Gleichverteilung modulo 1 verfolgen. Wir gehen auf Einzelheiten nicht näher ein, sondern begnügen uns mit diesen Bemerkungen[22].

Kehren wir zu den Restklassen modulo m zurück. Wir deuten den Zusammenhang zwischen der Gleichverteilung modulo 1 und der Gleichverteilung modulo m mit dem folgenden von C.L. Vanden Eynden[23] stammenden Satz an:

Für jede reellwertige Folge $\omega(n)$ *sind die folgenden Aussagen gleichbedeutend:*

1. $\omega(n)$ ist gleichverteilt modulo 1.

2. Für alle natürlichen Zahlen $m \geqslant 2$ bildet $[m\omega(n)]$ eine modulo m gleichverteilte Folge.

3. Für unendlich viele natürliche Zahlen $m \geqslant 2$ bildet $[m\omega(n)]$ eine modulo m gleichverteilte Folge.

2. folgt aus 1., denn

$$[m\omega(n)] \equiv h \pmod{m}$$

ist bei $h \in M$ zu

$$\omega(n) \in [\frac{h}{m}, \frac{h+1}{m}[$$

äquivalent. Wir können daher aus

$$\frac{1}{N} \sum_{n=1}^{N} c_h([m\omega(n)]) = \frac{1}{N} \sum_{n=1}^{N} c_{[h/m,(h+1)/m[}(\omega(n))$$

beim Grenzübergang $N \to \infty$ wie gewünscht $1/m$ als Grenzwert ablesen.

3. geht augenscheinlich aus 2. hervor. 1. können wir aus 3. mit Hilfe des Mittelwertsatzes (angewendet auf Real- und Imaginärteil) herleiten:

$$| e(hx) - e(hy)| \leq 2\pi|h||x - y|$$

hat

$$|\frac{1}{N} \sum_{n=1}^{N} e(h\omega(n)) - \frac{1}{N} \sum_{n=1}^{N} e(\frac{h[m\omega(n)]}{m})| =$$

$$= |\frac{1}{N} \sum_{n=1}^{N} (e(h\omega(n)) - e(\frac{h[m\omega(n)]}{m}))| \leq \frac{2\pi|h|}{N} \sum_{n=1}^{N} | \omega(n) - \frac{[m\omega(n)]}{m}| \leq$$

$$\leq \frac{2\pi|h|}{m}$$

zur Folge. Bei $N \to \infty$ verschwindet auf der linken Seite der zweite Summand für alle ganzzahligen $h \neq 0$. Der erste Summand muß ebenfalls nach Null konvergieren, denn m kann beliebig groß gewählt werden.   ////

2. Gleichverteilung in kompakten Räumen

Nun verlassen wir den Pfad der algebraischen Strukturen und verfolgen allein die von der Topologie kompakter Räume gezogene Fährte. Hatte das Kompaktum vorher noch eine Gruppenstruktur und somit ein Haarsches Maß, mit dessen Hilfe wir die Gleichverteilung durch die Relation (2) des vorigen Paragraphen gekennzeichnet haben, müssen wir uns zum kompakten topologischen Raum X nun ein Maß[24] χ vorgegeben denken. Wir halten uns dabei stets an die *Voraussetzungen*[4]: X sei ein kompakter Hausdorff- raum und χ ein reguläres Borelmaß mit $\chi(X) = 1$.

Eine Folge $\omega(n)$ im Kompaktum X wird *gleichverteilt* – genauer: gleichverteilt bezüglich χ – genannt, wenn alle über X stetigen komplexwertigen Funktionen $f(x)$

$$\lim_{N \to \infty} \frac{1}{N} \sum_{n=1}^{N} f(\omega(n)) = \int_X f(x) d\chi(x)$$

erfüllen[25].

Wir können diese Definition auch anders fassen: Wenn wir unter ϵ_y jenes Maß auf X verstehen, das im Punkt $y \in X$ mit Gewicht 1 konzentriert ist, d.h.

$$\int_X f(x) d\epsilon_y(x) = f(y) ,$$

dann besagt die Definitionsgleichung:

$$\lim_{N \to \infty} \frac{1}{N} \sum_{n=1}^{N} \int_X f(x) d\epsilon_{\omega(n)}(x) = \lim_{N \to \infty} \int_X f(x) d(\frac{1}{N} \sum_{n=1}^{N} \epsilon_{\omega(n)})(x) =$$

$$= \int_X f(x) d\chi(x) .$$

Funktionalanalytisch bedeutet dies: $\omega(n)$ ist in X genau dann gleichverteilt, wenn die Maße

$$\frac{1}{N} \sum_{n=1}^{N} \epsilon_{\omega(n)}$$

mit $N \to \infty$ *schwach* gegen χ konvergieren[26].

Gleich jetzt stellen wir fest: Gleichverteilte Folgen können höchstens bei jenen Maßen χ existieren, die sich auf *separable* Mengen konzentrieren (d.h. auf Mengen mit abzählbar dichten Teilmengen). Wir setzen demnach X stets als separabel voraus.

Unser erstes Ziel besteht darin, ein Analogon zum Weylschen Kriterium zu finden. Wir beginnen mit einem

Hilfssatz 1: *Neben* χ *seien für jedes* $N \in \mathbf{N}$ χ_N *reguläre, unter Umständen sogar komplexe Borelmaße auf* X. *Für ihre dominierenden Maße* $|\chi_N|$ *gelte*

$$\sup_N |\chi_N|(X) < \infty .$$

In diesem Fall bildet die Klasse aller stetigen Funktionen $f(x)$ *mit*

$$\lim_{N \to \infty} \int_X f(x) \mathrm{d}\chi_N(x) = \int_X f(x) \mathrm{d}\chi(x)$$

einen bezüglich der Supremumsnorm abgeschlossenen linearen Raum.

Die Linearität ist trivial, und die Abgeschlossenheit ergibt sich aus der Annahme, die Folge der Funktionen $f_n(x)$ konvergiere gegen $f(x)$, wobei alle $f_n(x)$ der obigen Funktionenklasse angehören. Aus

$$| \int_X f(x) \mathrm{d}\chi_N(x) - \int_X f(x) \mathrm{d}\chi(x) | \leqslant | \int_X f(x) \mathrm{d}\chi_N(x) - \int_X f_n(x) \mathrm{d}\chi_N(x) | +$$

$$+ | \int_X f_n(x) \mathrm{d}\chi_N(x) - \int_X f_n(x) \mathrm{d}\chi(x) | + | \int_X f_n(x) \mathrm{d}\chi(x) - \int_X f(x) \mathrm{d}\chi(x) | \leqslant$$

$$\leqslant \sup_{x \in X} |f(x) - f_n(x)| |\chi_N|(X) + | \int_X f_n(x) \mathrm{d}\chi_N(x) - \int_X f_n(x) \mathrm{d}\chi(x) | +$$

$$+ \sup_{x \in X} |f_n(x) - f(x)| \leqslant (1 + \sup_N |\chi_N|(X)) \cdot \sup_{x \in X} |f_n(x) - f(x)| +$$

$$+ | \int_X f_n(x) \mathrm{d}\chi_N(x) - \int_X f(x) \mathrm{d}\chi(x) |$$

erhalten wir bei den Grenzübergängen $N \to \infty$ und $n \to \infty$ auf der rechten Seite Null, weshalb auch $f(x)$ der oben genannten Funktionenklasse angehören muß. ////

Wir konzentrieren uns hier natürlich auf die Maße

$$\chi_N = \frac{1}{N} \sum_{n=1}^{N} \epsilon_{\omega(n)} .$$

Eine Familie stetiger Funktionen $e_h(x)$ auf X, wobei h irgendeine Indexmenge durchläuft, heißt *Hauptsystem*[25], wenn man zu jedem stetigen $f(x)$ und jedem positiven ϵ eine endliche Teilmenge H der Indizes h und für jedes $h \in H$ komplexe Zahlen c_h finden kann, sodaß

$$| f(x) - \sum_{h \in H} c_h e_h(x) | < \epsilon$$

für alle $x \in X$ gewährleistet ist. Hauptsysteme existieren immer; das einfachste Hauptsystem bildet die Klasse aller stetigen Funktionen über X selbst.

Weylsches Kriterium[25] : *Dann und nur dann liegt eine gleichverteilte Folge $\omega(n)$ im kompakten Raum X vor, wenn für ein Hauptsystem von Funktionen $e_h(x)$*

gilt.

$$\lim_{N \to \infty} \frac{1}{N} \sum_{n=1}^{N} e_h(\omega(n)) = \int_X e_h(x) d\chi(x)$$

Die Aussage des Satzes wird dann besonders wirksam, wenn wir uns kompakten Räumen zuwenden, in denen Hauptsysteme mit relativ wenigen Funktionen vorliegen. Deshalb beschränken wir uns vorerst auf *metrisierbare* kompakte Räume, weil diese nach einem Satz von P. Urysohn[4] Räume mit *abzählbaren* Hauptsystemen sind.

Der Nachweis, daß in metrisierbaren kompakten Räumen stets gleichverteilte Folgen auftreten, ist unser zweites Ziel. Wir erreichen es auf dem Umweg über einige Hilfssätze. Zunächst beginnen wir mit einem Satz der Maßtheorie:

Hilfssatz 2: Ω *sei ein Maßraum mit dem Maß* μ, $f_n(x)$ *stelle eine Folge komplexwertiger integrierbarer Funktionen über* Ω *dar, wobei*

$$\sum_{n=1}^{\infty} \int_\Omega |f_n(x)|^2 d\mu(x) < \infty$$

gelte. Dann bildet $f_n(x)$ *für (bezüglich* μ) *fast alle* x *aus* Ω *eine Nullfolge.*

Zum Beweis fassen wir für jede natürliche Zahl m in $M_n(m)$ alle $x \in \Omega$ mit $|f_n(x)| \geq 1/m$ zusammen. Aus

$$\int_\Omega |f_n(x)|^2 d\mu(x) \geq \int_{M_n(m)} |f_n(x)|^2 d\mu(x) \geq \frac{1}{m^2} \mu(M_n(m))$$

folgern wir

$$\mu(M_n(m)) \leq m^2 \int_\Omega |f_n(x)|^2 d\mu(x) .$$

Sammeln wir alle x aus den $M_n(m)$ mit $n \geq k$ in der Menge $V_k(m)$, so kann $\mu(V_k(m))$ höchstens

$$\mu(V_k(m)) \leq \sum_{n=k}^{\infty} \mu(M_n(m)) \leq m^2 \sum_{n=k}^{\infty} \int_\Omega |f_n(x)|^2 d\mu(x)$$

betragen. Bei $k \to \infty$ konvergiert der rechte Ausdruck nach Null. Die Menge $V(m)$ aller jener x, die in jedem $V_k(m)$ vorkommen, erweist sich deshalb als Nullmenge bezüglich μ. Auch die Vereinigung V aller $V(m)$ bleibt in diesem Sinne eine Nullmenge. Liegt nun ein x aus Ω nicht in V, befindet es sich auch in keinem $V(m)$. Dies bedeutet, daß man zu jedem m eine natürliche Zahl k finden kann, sodaß x nicht in $V_k(m)$ vorkommt, d.h. für alle $n \geqslant k$ $|f_n(x)| < 1/m$ ist. $f_n(x)$ liefert daher für alle x außerhalb von V eine Nullfolge, und der Beweis ist abgeschlossen. ////

Hilfssatz 3: *Bezeichnet $k(n)$ eine streng monoton wachsende Folge natürlicher Zahlen mit*

$$\lim_{n \to \infty} \frac{k(n+1)}{k(n)} = 1 ,$$

stellen ferner $\omega(n)$ eine Folge im Kompaktum X und $f(x)$ eine über X stetige Funktion dar, die

$$\lim_{N \to \infty} \frac{1}{k(N)} \sum_{n=1}^{k(N)} f(\omega(n)) = \int_X f(x) d\chi(x)$$

erfüllt, kann man bereits

$$\lim_{N \to \infty} \frac{1}{N} \sum_{n=1}^{N} f(\omega(n)) = \int_X f(x) d\chi(x)$$

folgern.

Wir können nämlich alle natürlichen Zahlen der Größe nach in Blöcke zusammenfassen, wobei der nullte Block von

$$1, 2, \ldots, k(1)-1$$

gebildet wird (möglicherweise auch leer sein kann) und die allgemeine Gestalt des n-ten Blockes durch

$$k(n), k(n)+1, \ldots, k(n+1)-1$$

gegeben ist. Wir bezeichnen mit $j(n)$ jene Nummer, in deren Block die Zahl n auftritt. Wenn wir die Blöcke nach wachsenden Zahlen numerieren, gewinnen wir eine monoton nicht abnehmende Folge $j(n)$ natürlicher Zahlen. Da jeder Block nur endlich viele Zahlen enthält, erzwingen wir bei $n \to \infty$ auch $j(n) \to \infty$. Außerdem ergibt die obige Festlegung

$$k(j(n)) \leqslant n < k(j(n) + 1) .$$

Die stetige Funktion $f(x)$ auf der kompakten Menge X ist durch eine

Konstante K dem Betrage nach begrenzt. K tritt insbesondere bei

$$\mid \sum_{n=1}^{N} f(\omega(n)) - \sum_{n=1}^{k(j(N))} f(\omega(n)) \mid = \mid \sum_{n=k(j(N))+1}^{N} f(\omega(n)) \mid \leqslant$$

$$\leqslant K(N - k(j(N))) \leqslant K(k(j(N)+1) - k(j(N)))$$

auf. Wir folgern aus

$$1 \leqslant \frac{N}{k(j(N))} < \frac{k(j(N)+1)}{k(j(N))}$$

$$\lim_{N \to \infty} \frac{N}{k(j(N))} = \lim_{N \to \infty} \frac{k(j(N)+1)}{k(j(N))} = 1 \; ,$$

$$\lim_{N \to \infty} \frac{1}{N} \sum_{n=1}^{k(j(N))} f(\omega(n)) = \lim_{N \to \infty} \frac{k(j(N))}{N} \frac{1}{k(j(N))} \sum_{n=1}^{k(j(N))} f(\omega(n)) =$$

$$= \int_X f(x) d\chi(x) \; .$$

Die Relation

$$\mid \frac{1}{N} \sum_{n=1}^{N} f(\omega(n)) - \frac{1}{N} \sum_{n=1}^{k(j(N))} f(\omega(n)) \mid \leqslant K \frac{k(j(N)+1) - k(j(N))}{N} \leqslant$$

$$\leqslant K \frac{k(j(N)+1) - k(j(N))}{k(j(N))} = K(\frac{k(j(N)+1)}{k(j(N))} - 1)$$

führt zu

$$\lim_{N \to \infty} (\frac{1}{N} \sum_{n=1}^{N} f(\omega(n)) - \frac{1}{N} \sum_{n=1}^{k(j(N))} f(\omega(n))) = 0 \; ,$$

was

$$\lim_{N \to \infty} \frac{1}{N} \sum_{n=1}^{N} f(\omega(n)) = \int_X f(x) d\chi(x)$$

zur Folge hat.   ////

Hilfssatz 4: *In einem kompakten metrisierbaren Raum* X *kann man stets ein Hauptsystem von stetigen Funktionen* $e_h(x)$ *finden, wobei*
1. h *die ganzen Zahlen (oder einen Teil davon) durchläuft,*
2. *für* $h = 0$ $e_0(x) = 1$ *die konstante Funktion darstellt,*
3. *bei* $h \neq 0$ *einerseits* $\mid e_h(x) \mid \leqslant 1$ *und andererseits*

$$\int_X e_h(x)\mathrm{d}\chi(x) = 0$$

gelten.

Wegen der Metrisierbarkeit können wir sicher von einem höchstens abzählbaren Hauptsystem stetiger Funktionen $E_h(x)$ ausgehen, wobei wir ohne Beschränkung der Allgemeinheit vereinbaren, h durchlaufe die ganzen Zahlen (oder einen Teil davon), Null ausgenommen. Fügen wir zu dem vorliegenden Hauptsystem die Funktion $e_0(x) = E_0(x) = 1$ hinzu, bleibt es natürlich Hauptsystem.

Das folgende Verfahren heißt *Normieren* einer stetigen Funktion $f(x)$: Man dividiert $f(x)$ durch $\sup_{x \in X} |f(x)|$, falls dieses Supremum positiv ist. Ist die Funktion aber identisch Null, dann wird sie beim Normieren eliminiert. Dadurch erreichen wir, daß die normierte Funktion dem Betrage nach durch 1 beschränkt ist.

Das gesuchte Hauptsystem $e_h(x)$ kann man für $h \neq 0$ durch Normieren der Funktionen

(1) $$E_h(x) - (\int_X E_h(y)\mathrm{d}\chi(y))\cdot E_0(x)$$

erhalten. Die Bedingungen 1. bis 3. sind nach Konstruktion erfüllt, und die $e_h(x)$ bilden ein Hauptsystem, weil auch die in (1) angeschriebenen Funktionen ein Hauptsystem darstellen und die Eigenschaft, Hauptsystem zu sein, beim Normieren nicht verloren geht. ////

Nun erklären wir im Raum Ω *aller* Folgen $\omega(n)$ in X das *Produktmaß* χ^∞ als abzählbar unendliches Produkt der Maße χ. χ^∞ kann auch folgendermaßen gekennzeichnet werden: Sind $A_n \subset X$ irgendwelche Borelmengen, wobei bis auf endlich viele n sogar $A_n = X$ gelte, dann besitzt die Familie A aller Folgen $\omega(n)$, für die jedes $\omega(n)$ in A_n liegt, das Maß

$$\chi^\infty(A) = \prod_{n=1}^{\infty} \chi(A_n) \, .$$

Da die Sigmaalgebra der χ^∞—meßbaren Mengen von den Zylindermengen A der obigen Gestalt erzeugt wird, bestimmt diese Formel χ^∞ eindeutig.

Jetzt führen wir in X ein Hauptsystem $e_h(x)$ ein, das den Bedingungen des Hilfssatzes 4 entspricht. Für jede Folge $\omega(n)$ aus Ω und jede natürliche Zahl k setzen wir

$$f_k^h(\omega(n)) = \frac{1}{k^2} \sum_{n=1}^{k^2} e_h(\omega(n)) \,.$$

Wir nehmen $h \neq 0$ an und berechnen

$$\int_\Omega |f_k^h(\omega(n))|^2 \, d\chi^\infty(\omega(n)) = \int_X \ldots \int_X |\frac{1}{k^2} \sum_{n=1}^{k^2} e_h(\omega(n))|^2 \, d\chi(\omega(1)) \ldots d\chi(\omega(k^2))$$

$$= \frac{1}{k^4} \int_X \ldots \int_X \sum_{n=1}^{k^2} e_h(x_n) \sum_{m=1}^{k^2} \overline{e_h(x_m)} \, d\chi(x_1) \ldots d\chi(x_{k^2}) =$$

$$= \frac{1}{k^4} \sum_{\substack{n,m=1 \\ n \neq m}}^{k^2} \int_X e_h(x_n) d\chi(x_n) \overline{\int_X e_h(x_m)d\chi(x_m)} + \frac{1}{k^4} \sum_{n=1}^{k^2} \int_X |e_h(x_n)|^2 d\chi(x_n)$$

$$\leqslant 0 + \frac{1}{k^2} = \frac{1}{k^2} \,.$$

Nach Hilfssatz 2 besagt

$$\sum_{k=1}^\infty \int_\Omega |f_k^h(\omega(n))|^2 \, d\chi^\infty(\omega(n)) \leqslant \sum_{k=1}^\infty \frac{1}{k^2} < \infty \,,$$

daß fast alle $\omega(n)$ im Sinne des Maßes χ^∞ die Gleichung

$$\lim_{k \to \infty} \frac{1}{k^2} \sum_{n=1}^{k^2} e_h(\omega(n)) = \lim_{k \to \infty} f_k^h(\omega(n)) = 0 = \int_X e_h(x)d\chi(x)$$

erfüllen und bei Berücksichtigung von Hilfssatz 3 auch der Gleichung

$$(2) \qquad\qquad \lim_{N \to \infty} \frac{1}{N} \sum_{n=1}^N e_h(\omega(n)) = \int_X e_h(x)d\chi(x)$$

entsprechen. Das Hauptsystem besteht aus höchstens abzählbar vielen Funktionen, (2) bleibt demzufolge für fast alle $\omega(n)$ im Sinne von χ^∞ richtig, wenn man von einem speziellen h zu allen h übergeht. Wir folgern daraus nicht allein die Existenz mindestens einer gleichverteilten Folge, vielmehr[25]:

In jedem metrisierbaren kompakten Raum X und für jedes darauf definierte Wahrscheinlichkeitsmaß χ sind fast alle Folgen (im Sinne des Maßes χ^∞) bezüglich χ gleichverteilt.

Daß die Voraussetzung der Metrisierbarkeit von X von entscheidender Bedeutung ist, zeigte V. Losert[27]. Unter anderem betrachtete er die Stone-Čech-Kompaktifizierung βN der natürlichen Zahlen als ein Beispiel für einen separablen kompakten, aber nicht metrisierbaren Raum. Nach einem Satz von A. Grothendieck[28] zieht in βN die schwache Konvergenz komplexer Borelmaße χ_N gegen ein komplexes Borelmaß χ (d.h. die Formel

$$\lim_{N \to \infty} \int_{\beta N} f(x) d\chi_N(x) = \int_{\beta N} f(x) d\chi(x)$$

für alle über βN stetigen $f(x)$) die Konvergenz

$$\lim_{N \to \infty} \chi_N(A) = \chi(A)$$

für alle Borelmengen $A \subset \beta N$ nach sich. Konvergiert insbesondere

$$\chi_N = \frac{1}{N} \sum_{n=1}^{N} \epsilon_{\omega(n)}$$

für eine Folge $\omega(n)$ in βN schwach gegen χ, konzentriert sich das Maß χ einzig auf die Punkte $\omega(n)$.

In der Stone-Čech-Kompaktifizierung βN der natürlichen Zahlen kann es zu einem auf mehr als abzählbar viele Punkte konzentrierten Borelmaß keine einzige gleichverteilte Folge geben.

3. Allgemeine Summierungsverfahren

Die bisher verwendete Mittelung

(1) $$\frac{1}{N} \sum_{n=1}^{N} f(\omega(n))$$

soll in diesem Paragraphen durch ein allgemeineres Schema ersetzt werden. Ein Beispiel hiefür ist

(2) $$\frac{1}{\sum_{n=1}^{N} \sigma_n} \sum_{n=1}^{N} \sigma_n f(\omega(n)) ,$$

wobei der n–te Summand mit dem positiven *Gewicht* σ_n versehen wird. Im Fall $\sigma_n = 1$ erhält man (1). Mittelungen der Form (2) gehen auf M.Tsuji[29] zurück. Noch allgemeiner ist die Mittelung bezüglich einer „regulären" unendlichen Matrix σ_{Nn}: N und n durchlaufen unabhängig die natürlichen Zahlen. „Regulär" ist eine unendliche Matrix σ_{Nn}, wenn

$$\sup_{N} \sum_{n=1}^{\infty} |\sigma_{Nn}| < \infty, \quad \lim_{N \to \infty} \sum_{n=1}^{\infty} \sigma_{Nn} = 1 \quad \text{und} \quad \lim_{N \to \infty} \sigma_{Nn} = 0$$

für alle n aus $\mathbf{N}$ gelten. Eine Folge $\omega(n)$ im kompakten Raum X wird genau dann *bezüglich der Summierung über* σ_{Nn} *gleichverteilt* genannt, wenn für alle über X stetigen Funktionen $f(x)$

$$(3) \qquad \lim_{N \to \infty} \sum_{n=1}^{\infty} \sigma_{Nn} f(\omega(n)) = \int_X f(x) d\chi(x)$$

zutrifft[25]. Bei

$$\sigma_{Nn} = \frac{\sigma_n}{\sum_{n=1}^N \sigma_n} \quad \text{für } n \leqslant N, \qquad \sigma_{Nn} = 0 \text{ für } n > N$$

erhalten wir (2), die Mittelung nach Tsuji.

Alle genannten Verallgemeinerungen können wir in ein noch umfassenderes Schema einordnen, wenn wir die Mittelungen als stetige lineare Funktionale verstehen, die man am einfachsten in Form komplexer Maße darstellt. Als Ausgangspunkt wählen wir einen Maßraum Σ, auf dem eine Folge σ_N von komplexen Maßen erklärt ist. Die σ_N seien dabei einerseits *schließlich normiert*, d.h.

$$\lim_{N \to \infty} \sigma_N(\Sigma) = 1$$

und andererseits *gleichmäßig beschränkt*, worunter wir

$$\sup_N |\sigma_N|(\Sigma) < \infty$$

für die dominierenden Maße $|\sigma_N|$ verstehen. Eine auf Σ erklärte meßbare Funktion $\omega(s)$ (s durchläuft als Variable Σ) mit Werten im Kompaktum X soll *gleichverteilt* heißen, wenn für alle stetigen Funktionen $f(x)$

$$(4) \qquad \lim_{N \to \infty} \int_\Sigma f(\omega(s)) d\sigma_N(s) = \int_X f(x) d\chi(x)$$

gilt[30].

Der Spezialfall $\Sigma = \mathbf{N}$, bei dem σ_N im Punkt n das Gewicht σ_{Nn} besitzt, ist nichts anderes als die Gleichverteilung im Sinne der Formel (3).

Ein weiteres wichtiges Beispiel gewinnen wir bei $\Sigma = \mathbf{R}_0^+$, der Gesamtheit der nichtnegativen reellen $t \geqslant 0$, und bei $\sigma_T = (1/T) \times$ dem auf $[0,T]$ konzentrierten Lebesguemaß. Hier wird (4) zur C–Gleichverteilung.

Das letzte Beispiel, bei dem T positive reelle Werte annimmt, legt die folgende Verallgemeinerung nahe: Statt einer Folge von Maßen σ_N, $N \in \mathbf{N}$, betrachtet man ein *Netz* von Maßen σ_R, $R \in \mathfrak{R}$. Die natürlichen Zahlen $\mathbf{N}$ ersetzen wir dabei durch das *gerichtete System* $\mathfrak{R}$, d.h. durch eine Menge mit einer Halbordnung $\leqslant$, bei der zu jedem Paar von Elementen R' und R'' ein drittes $R \in \mathfrak{R}$ mit $R' \leqslant R$ und $R'' \leqslant R$ gefunden werden kann. (4) wandelt sich zu

$$\lim_{R \in \mathfrak{R}} \int\limits_{\Sigma} f(\omega(s)) d\sigma_R(s) = \int\limits_{X} f(x) d\chi(x)$$

um. Damit bringen wir zum Ausdruck: Zu jedem $\epsilon > 0$ läßt sich ein R_0 aus $\mathfrak{R}$ angeben, bei dem $R \geqslant R_0$ zu

$$\left| \int\limits_{\Sigma} f(\omega(s)) d\sigma_R(s) - \int\limits_{X} f(x) d\chi(x) \right| < \epsilon$$

führt.

Ordnen wir der über X stetigen Funktion $f(x)$ die Zahl

$$\int\limits_{\Sigma} f(\omega(s)) d\sigma_R(s)$$

zu, erhalten wir ein stetiges lineares Funktional, das auf X durch ein komplexes Borelmaß χ_R dargestellt werden kann:

$$\int\limits_{\Sigma} f(\omega(s)) d\sigma_R(s) = \int\limits_{X} f(x) d\chi_R(x).$$

Wie die σ_R bleiben auch die χ_R gleichmäßig beschränkt. Wir übertragen Hilfssatz 1 des vorigen Paragraphen unmittelbar hierauf und folgern daraus[30]:

Weylsches Kriterium: *Im Kompaktum X liegt eine gleichverteilte meßbare Funktion $\omega(s)$ dann und nur dann vor, wenn ein Hauptsystem von Funktionen $e_h(x)$ für alle h*

$$\lim_{R \in \mathfrak{R}} \int\limits_{\Sigma} e_h(\omega(s)) d\sigma_R(s) = \int\limits_{X} e_h(x) d\chi(x)$$

erfüllt.

Nun zu Anwendungen: Wir beginnen mit einem Satz von Tsuji[29]:

$\psi(t)$ *sei eine zweimal stetig differenzierbare, streng monoton wachsende und konkave Funktion mit*

$$\lim_{t \to \infty} \frac{1}{\psi(t)} = 0.$$

Insbesondere ist die Ableitung $\psi'(t)$ positiv und monoton nicht zunehmend.
$w(t)$ sei eine zweimal stetig differenzierbare Funktion, wobei $w'(t)$ für $t \geqslant$
$\geqslant 1$ das Vorzeichen nicht wechseln soll. Sind die Bedingungen

$$\lim_{T \to \infty} \frac{1}{\psi(T)} \int_1^T \psi'(t)w'(t)\mathrm{d}t = 0,$$

$$\lim_{T \to \infty} \frac{1}{\psi(T)} \int_1^T |\frac{\mathrm{d}}{\mathrm{d}t}(\frac{\psi'(t)}{w'(t)})| \, \mathrm{d}t = 0,$$

$$\lim_{T \to \infty} \frac{\psi'(T)}{\psi(T) \cdot w'(T)} = 0$$

erfüllt, kann man die Folge $\omega(n) = w(n)$ als gleichverteilt modulo 1 anspre-
chen, falls man $\Sigma = \mathbf{N}$ wählt und die Maße σ_N auf den Punkten $n \leqslant N$ die
Gewichte

$$\sigma_N(n) = \frac{\psi'(n)}{\sum_{n=1}^N \psi'(n)}$$

besitzen.

Zum Nachweis ermitteln wir aus der Eulerschen Summenformel

$$\sum_{n=1}^N \psi'(n) = \psi(N) + (\frac{\psi'(N) + \psi'(1)}{2} - \psi(1) + \int_1^N (t - [t] - \frac{1}{2})\psi''(t)\mathrm{d}t)$$

wegen der Konkavität von $\psi(t)$:

$$\lim_{N \to \infty} \frac{1}{\psi(N)} \sum_{n=1}^N \psi'(n) \geqslant 1 - \lim_{N \to \infty} |\frac{\psi'(N) + \psi'(1) - 2\psi(1)}{2\psi(N)}| -$$

$$- \lim_{N \to \infty} \frac{1}{|\psi(N)|} \int_1^N |\psi''(t)| \, \mathrm{d}t \geqslant 1 - \lim_{N \to \infty} |\frac{\psi'(1) - \psi(1)}{\psi(N)}| -$$

$$- \lim_{N \to \infty} |\frac{1}{\psi(N)} \int_1^N \psi''(t)\mathrm{d}t| \geqslant 1 - \lim_{N \to \infty} |\frac{\psi'(N) - \psi'(1)}{\psi(N)}| \geqslant$$

$$\geqslant 1 - \lim_{N \to \infty} |\frac{2\psi'(1)}{\psi(N)}| = 1.$$

Für genügend große natürliche Zahlen $N \geqslant N_0$ gilt daher:

$$\sum_{n=1}^N \psi'(n) \geqslant \frac{1}{2}\psi(N).$$

Außerdem berechnen wir für alle ganzzahligen $h \neq 0$ und $N \geqslant N_0$

$$| \int_\Sigma e(hw(n))\mathrm{d}\sigma_N(n) | \leqslant | \frac{1}{\sum_{n=1}^N \psi'(n)} \sum_{n=1}^N \psi'(n)e(hw(n)) | \leqslant$$

$$\leqslant \frac{2}{\psi(N)} | \frac{\psi'(1)e(hw(1)) + \psi'(N)e(hw(N))}{2} + \int_1^N \psi'(t)e(hw(t))\mathrm{d}t +$$

$$+ \int_1^N (t-[t]-\frac{1}{2})\frac{\mathrm{d}}{\mathrm{d}t}(\psi'(t)e(hw(t)))\mathrm{d}t | \leqslant$$

$$\leqslant \frac{2\psi'(1)}{\psi(N)} + \frac{1}{\pi|h|\psi(N)} | \int_1^N e(hw(t))2\pi ihw'(t)\frac{\psi'(t)\mathrm{d}t}{w'(t)} | +$$

$$+ \frac{2}{\psi(N)} \int_1^N |\psi''(t)| \, \mathrm{d}t + \frac{4\pi|h|}{\psi(N)} \int_1^N |\psi'(t)w'(t)| \, \mathrm{d}t \leqslant$$

$$\leqslant \frac{2\psi'(1)}{\psi(N)} + | \frac{\psi'(N)}{\pi|h|\psi(N)w'(N)} | + | \frac{\psi'(1)}{\pi|h|\psi(N)w'(1)} | +$$

$$+ \frac{1}{\pi|h|\psi(N)} \int_1^N | \frac{\mathrm{d}}{\mathrm{d}t}(\frac{\psi'(t)}{w'(t)}) | \, \mathrm{d}t + \frac{4\psi'(1)}{\psi(N)} + | \frac{4\pi h}{\psi(N)} \int_1^N \psi'(t)w'(t)\mathrm{d}t | .$$

Mit $N \to \infty$ konvergieren wegen der im Satz genannten Bedingungen alle Summanden nach Null, was zu zeigen war.　　　　////

Im Fall $\psi(t) = t$ stimmt der Satz mit dem Satz von Fejér überein; im Fall $\psi(t) = \log t$ berechnen wir für $w(t) = \log t$

$$\frac{\psi'(t)}{w'(t)} = 1, \qquad \lim_{T \to \infty} \frac{1}{\log T} = 0, \qquad \lim_{T \to \infty} \frac{1}{\log T} \int_1^T \frac{1}{t^2} \, \mathrm{d}t = 0.$$

Daraus folgt:

Bezüglich der Gewichtung

$$\sigma_N(n) = \frac{\frac{1}{n}}{\sum_{n=1}^N \frac{1}{n}}$$

ist die Folge $\log n$ *gleichverteilt modulo 1.*

Eine zweite Anwendung beschäftigt sich mit *gleichverteilten Doppelfolgen.* Darunter verstehen wir Funktionen $\omega(N,n)$, die für jedes natürliche N auf den Paaren $(N,1), (N,2), ..., (N,N)$ definiert sind. Man kann sogar den allgemeineren Fall betrachten: $\omega(N,n)$ ist für jedes $N \in \mathbf{N}$ auf Paaren (N,n) definiert, bei denen n bestimmten Bedingungen, etwa $n \leqslant N$ und $\mathrm{ggT}(N,n) = 1$, unterworfen ist. Im ersten Fall liefert zum Beispiel

$$\omega(N,n) = \frac{n}{N}$$

sowohl die gekürzten, als auch die ungekürzten *Brüche* zwischen 0 und 1; im zweiten Fall gibt die Funktion nur alle *gekürzten Brüche* zwischen 0 und 1 an. Wir wollen nun zeigen, daß man beide Funktionen als gleichverteilt ansprechen kann.

Zu diesem Zweck betrachten wir Σ als Familie aller Paare (N,n). N durchlaufe die natürlichen Zahlen, und für jedes N durchwandere die zweite Komponente n jene natürlichen Zahlen, für die wir $\omega(N,n)$ definieren. Bei festem N nennen wir die Anzahl der Argumente n $\nu(N)$. Demnach bezeichnen wir $\omega(N,n)$ als ν–*Doppelfolge*. Wir begnügen uns mit endlichen $\nu(N)$ und jenen Maßen σ_N, welche auf den Paaren (N,n) mit dem Gewicht $1/\nu(N)$ konzentriert sind, d.h.

$$\sigma_N(N',n) = \begin{cases} 0 & \text{bei } N' \neq N, \\[2mm] \dfrac{1}{\nu(N)} & \text{bei } N' = N. \end{cases}$$

Bezüglich dieser Summierung behaupten wir:

Die Doppelfolge $\omega(N,n) = n/N$ $(n = 1, 2, ..., N, \ N \in \mathbf{N})$ *aller gekürzten und ungekürzten Brüche zwischen* 0 *und* 1 *ist gleichverteilt.*

Bei einem beliebigen ganzzahligen $h \neq 0$ wählen wir $N > |h|$ und folgern aus

$$\int_\Sigma e(h\omega(N,n))\mathrm{d}\sigma_N(N,n) = \frac{1}{N}\sum_{n=1}^{N} e(\frac{hn}{N}) = \frac{1}{N}e(\frac{h}{N})\frac{e(hN/N) - 1}{e(h/N) - 1} = 0$$

die Behauptung

$$\lim_{N \to \infty} \int_\Sigma e(h\omega(N,n))\mathrm{d}\sigma_N(N,n) = 0 . \qquad \text{////}$$

Betrachten wir allein die gekürzten Brüche, erfordert dies eine kleine zahlentheoretische Vorbereitung[10]. Wir brauchen die Möbiusfunktion

$$\mu(n) = \begin{cases} 1 & \text{bei } n = 1, \\ 0, \text{ wenn } n \text{ durch das Quadrat einer natürlichen Zahl } d > 1 \\ \quad \text{teilbar ist,} \\ (-1)^r, \text{ wenn } n = p_1...p_r, \text{ wobei } p_1, ..., p_r \text{ verschiedene} \\ \quad \text{Primzahlen bezeichnen,} \end{cases}$$

die Eulersche Funktion

$$\varphi(N) = \text{die Anzahl jener } n \leqslant N \text{ mit } ggT(N,n) = 1$$

und zwei Hilfssätze:

Hilfssatz 1: *Für jede zahlentheoretische Funktion $f(n)$ gilt:*

$$\sum_{\substack{n=1 \\ ggT(N,n)=1}}^{N} f(n) = \sum_{d|N} \mu(d) \sum_{n=1}^{N/d} f(nd).$$

Diese Formel können wir so umgestalten:

$$\sum_{\substack{n=1 \\ ggT(N,n)=1}}^{N} f(n) = \sum_{d|N} \mu(d) \sum_{\substack{n=1 \\ d|n}}^{N} f(n).$$

Lautet die Primfaktorenzerlegung von $N = p_1^{e_1} p_2^{e_2}...p_r^{e_r}$, bedeutet dies:

$$\sum_{\substack{n=1 \\ ggT(N,n)=1}}^{N} f(n) =$$

$$= \mu(1) \sum_{n=1}^{N} f(n) + \sum_{p_i|N} \mu(p_i) \sum_{\substack{n=1 \\ p_i|n}}^{N} f(n) + \sum_{p_i p_j|N} \mu(p_i p_j) \sum_{\substack{n=1 \\ p_i p_j|n}}^{N} f(n) + ..$$

$$.. + \sum_{p_1...p_r|N} \mu(p_1...p_r) \sum_{\substack{n=1 \\ p_1\cdots p_r|n}}^{N} f(n).$$

Nun untersuchen wir die linke und rechte Seite nach den einzelnen Summationsgliedern: Wenn n zu N relativ prim ist, tritt $f(n)$ sowohl auf der linken Seite, als auch in der ersten Summe der rechten Seite, aber sonst nirgends mehr auf. Wenn n hingegen die Primfaktoren $p_1, ..., p_k$ mit N gemeinsam hat (wir können sie sicher so numerieren), tritt $f(n)$ auf der linken Seite überhaupt nicht auf, wohl aber einmal in der ersten Summe der rechten Seite. In der zweiten Summe wird es k–mal subtrahiert, in der dritten Summe $\binom{k}{2}$–mal addiert, in der vierten Summe wieder $\binom{k}{3}$–mal subtrahiert und so weiter. Da nach dem binomischen Lehrsatz

$$\sum_{j=0}^{k} (-1)^j \binom{k}{j} = (1-1)^k = 0$$

gilt, hebt sich $f(n)$ beim Zusammenzählen auf, woraus die Richtigkeit der Formel folgt.   ////

Hilfssatz 2: *Mit* N *divergiert auch* $\varphi(N)$ *gegen unendlich.*

Wir zeigen für alle $N \geqslant (2K)^{K+2}$ $\varphi(N) \geqslant K$: Lautet nämlich die Primfaktorenzerlegung von $N = p_1^{e_1} p_2^{e_2}...p_r^{e_r}$, ist

$$\varphi(N) = (p_1^{e_1} - p_1^{e_1-1})...(p_r^{e_r} - p_r^{e_r-1}) \geqslant (\tfrac{1}{2}p_1^{e_1})...(\tfrac{1}{2}p_r^{e_r}).$$

Nun bestehen die Möglichkeiten $r \geqslant K+2$ bzw. $r < K+2$. Bei der ersten ist $\varphi(N) \geqslant K$ trivial; bei der zweiten muß mindestens ein $p_j^{e_j} > 2K$ sein, woraus wir wieder $\varphi(N) \geqslant K$ erhalten.   ////

Betrachten wir jetzt alle Brüche n/N mit $n \leqslant N$, $\mathrm{ggT}(N,n) = 1$, gewinnen wir aus der Abschätzung

$$\left| \sum_{\substack{n=1 \\ \mathrm{ggT}(N,n)=1}}^{N} e(h\tfrac{n}{N}) \right| = \left| \sum_{d|N} \mu(d) \sum_{n=1}^{N/d} e(h\tfrac{n}{N/d}) \right| \leqslant$$

$$\leqslant \sum_{\substack{d|N \\ |h| \geqslant N/d}} \left| \sum_{n=1}^{N/d} e(\tfrac{hn}{N/d}) \right| \leqslant \sum_{\substack{d|N \\ N/d \leqslant |h|}} \frac{N}{d} \leqslant \sum_{k \leqslant |h|} k = \frac{|h|(|h|+1)}{2}$$

für beliebige ganzzahlige $h \neq 0$

Dies bedeutet:
$$\lim_{N \to \infty} \frac{1}{\varphi(N)} \sum_{\substack{n=1 \\ \mathrm{ggT}(N,n)=1}}^{N} e(h\tfrac{n}{N}) = 0.$$

Die Doppelfolge $\omega(N,n) = n/N$ *(* $n \leqslant N$, $\mathrm{ggT}(N,n) = 1$, $N \in \mathbb{N}$*) aller gekürzten Brüche zwischen* 0 *und* 1 *ist gleichverteilt.*

Die dritte Anwendung beschäftigt sich mit *gleichverteilten Funktionen, die von mehreren Parametern abhängen.* Im diskreten Fall haben diese Funktionen die Form $\omega(n_p)$, wobei p als Index 1, ..., P durchläuft und die n_p

P–Tupel natürlicher Zahlen bezeichnen. Den Raum aller dieser P–Tupel nennen wir $\Sigma = \mathbf{N}^P$. Es sei auch $\mathfrak{R} = \mathbf{N}^P$. Die Ordnung in $\mathfrak{R}$ legen wir durch $N_p' \leqslant N_p''$ (für alle $p = 1, ..., P$) fest. Die Maße σ_{N_p} konzentrieren wir auf die Punkte $n_p \leqslant N_p$, wobei

$$\sigma_{N_p}(n_p) = \frac{1}{\Pi_{p=1}^P N_p}$$

gelten soll. Beim kontinuierlichen Analogon ist $\Sigma = (\mathbf{R}_0^+)^P$ der Raum aller reellen P–Tupel $t_p \geqslant 0$ und $\mathfrak{R} = (\mathbf{R}^+)^P$ der Raum aller $T_p > 0$. In $\mathfrak{R}$ wird die Ordnung durch $T_p' \leqslant T_p''$ bestimmt, und σ_{T_p} bedeutet das normierte Lebesguemaß auf dem Quader $[0,T_1]\times...\times[0,T_P]$.

Im diskreten Fall betrachten wir das Kompaktum $X = \mathbf{R}^L/\mathbf{Z}^L$ und die Funktion

$$\omega_l(n_p) = n_p\alpha_{pl}.$$

Folgt für alle Gitterpunkte $h_l \in \mathbf{Z}^L$ aus $\alpha_{pl}h_l \in \mathbf{Z}^P$ bereits $h_l = 0$, muß zu jedem von 0 verschiedenen Gitterpunkt h_l ein Index $j \leqslant P$ mit $\alpha_{jl}h_l \notin \mathbf{Z}$ existieren. Dies führt zu

$$\left|\frac{1}{\Pi_{p=1}^P N_p} \sum_{n_p=1}^{N_p} e(h_l n_p \alpha_{pl})\right| = \left|\prod_{p=1}^P \frac{1}{N_p} \sum_{n_p=1}^{N_p} e(\alpha_{pl}h_l)^{n_p}\right| \leqslant$$

$$\leqslant \frac{1}{N_j}\left|\sum_{n_j=1}^{N_j} e(\alpha_{jl}h_l)^{n_j}\right|,$$

wobei die rechte Seite bei $N_j \to \infty$ nach Null strebt.

Beim kontinuierlichen Analogon schließen wir ähnlich. Wir betrachten das Beispiel

$$\omega_l(t_p) = t_p\alpha_{pl}.$$

Folgt für alle Gitterpunkte $h_l \in \mathbf{Z}^L$ aus $\alpha_{pl}h_l = 0$ bereits $h_l = 0$, muß zu jedem von 0 verschiedenen Gitterpunkt h_l ein Index $j \leqslant P$ mit $\alpha_{jl}h_l \neq 0$ existieren. Dies führt zu

$$\left|\frac{1}{\Pi_{p=1}^P T_p} \int_0^{T_1}...\int_0^{T_P} e(h_l t_p \alpha_{pl})\mathrm{d}^P t_p\right| = \left|\prod_{p=1}^P \frac{1}{T_p} \int_0^{T_p} e(\alpha_{pl}h_l)^{t_p}\,\mathrm{d}t_p\right| \leqslant$$

$$\leqslant \frac{1}{T_j}\left|\int_0^{T_j} e(\alpha_{jl}h_l)^{t_j}\,\mathrm{d}t_j\right|,$$

wobei die rechte Seite bei $T_j \to \infty$ nach Null strebt. Beide Beispiele fassen wir im folgenden Satz zusammen[3] :

Allgemeiner Kroneckerscher Approximationssatz im diskreten und kontinuierlichen Fall: *Sind α_{pl} reelle Zahlen, wobei für alle Gitterpunkte $h_l \in$ $\in \mathbf{Z}^L$ aus $\alpha_{pl}h_l \in \mathbf{Z}^P$ $h_l = 0$ folgt, dann ist durch $\omega_l(n_p) = n_p\alpha_{pl}$ eine modulo 1 gleichverteilte diskrete Funktion gegeben. Insbesondere kann man zu jedem $\xi_l \in \mathbf{R}^L$ und jedem $\epsilon > 0$ natürliche Zahlen n_p und ganze Zahlen g_l mit*

$$\sup_l | n_p\alpha_{pl} - \xi_l - g_l | < \epsilon$$

finden.

Folgt für alle Gitterpunkte $h_l \in \mathbf{Z}^L$ aus $\alpha_{pl}h_l = 0$ $h_l = 0$, dann stellt $\omega_l(t_p) = t_p\alpha_{pl}$ eine modulo 1 gleichverteilte kontinuierliche Funktion dar. Zu jedem Punkt $\xi_l \in \mathbf{R}^L$ und jedem positiven ϵ gibt es positive t_p und ganze Zahlen g_l mit

$$\sup_l | t_p\alpha_{pl} - \xi_l - g_l | < \epsilon .$$

V Der Raum aller Folgen

Ob es viele oder wenige gleichverteilte Folgen gibt, beurteilt der Maßtheoretiker anders als der Topologe. Zwar haben die Antworten beider Allgemeingültigkeit; den konkreten Einzelfall vermögen sie aber nicht zu lösen. Wenn wir auch für fast alle $\alpha > 1$ *die Gleichverteilung von* α^n *modulo 1 bestätigt erhalten, bei der Folge* e^n *sind wir zum Beispiel noch immer ratlos. Derselben Situation begegnen wir bei den normalen Zahlen.*

1. Es gibt sehr viele gleichverteilte Folgen

Zuerst betrachten wir Ω, die Familie aller Folgen $\omega(n)$, mit den Augen eines Maßtheoretikers. Aus Paragraph 2 des vorigen Kapitels wissen wir, *daß in metrisierbaren kompakten Räumen* X *fast alle Folgen gleichverteilt sind.* Allgemeiner betrachtet, stoßen wir auf folgendes Problem: Ordnen wir jeder Folge $\omega(n)$ nach einer bestimmten Vorschrift eine andere Folge $f\omega(n)$ zu, können wir fragen: *Unter welchen Bedingungen sind fast alle Folgen der Form* $f\omega(n)$ *gleichverteilt?*

Wir verdeutlichen das Problem an einigen Beispielen: Bei der identischen Zuordnung $f\omega(n) = \omega(n)$ ist bereits bekannt, daß $f\omega(n)$ für fast alle $\omega(n)$ gleichverteilt ist.

Ein nicht so einfaches Beispiel liegt bei

$$f\omega(n) = \omega(1),\ \omega(2),\ \omega(2),\ \omega(3),\ \omega(3),\ \omega(3),\ \omega(4),\ \omega(4),\ \omega(4),\ \omega(4),...$$

vor. Jedes Folgeglied kommt genausooft vor, wie sein Argumentwert angibt. Wir werden zeigen, daß auch hier $f\omega(n)$ für fast alle $\omega(n)$ eine gleichverteilte Folge liefert.

Schließlich sei

$$f\omega(n) = \underbrace{\omega(1),\ ...,\ \omega(1)}_{L_1},\ \underbrace{\omega(2),\ ...,\ \omega(2)}_{L_2},\ \underbrace{\omega(3),\ ...,\ \omega(3)}_{L_3},\ ......,$$

d.h. jedes $\omega(n)$ kommt L_n–mal vor. Wir fragen nach Bedingungen für L_n, wonach fast alle $\omega(n)$ gleichverteilte „Repetierfolgen" $f\omega(n)$ liefern.

Man kann das Problem *noch allgemeiner* fassen: Bezeichnet Z einen Maßraum mit dem Maß ζ, wobei $\zeta(Z) = 1$ gilt, dann betrachten wir Zuordnungen, die jeder Folge $\omega(n)$ und jedem $z \in Z$ eine neue Folge $f\omega(n,z)$ zuweisen. Weyl[3] sah bereits den Spezialfall $\omega(n,z)$, bei dem die einzelnen Folgeglieder vom Parameter z abhängen, voraus.

In einem sehr allgemeinen Satz behandeln wir alle genannten Beispiele. Für seine Herleitung brauchen wir Informationen aus der Theorie der unendlichen Reihen:

Hilfssatz 1: *Zu jeder Folge positiver Zahlen* a_n *mit*

$$\sum_{n=1}^{\infty} a_n < \infty$$

kann man eine streng monoton wachsende Folge positiver λ_n *mit*

$$\lim_{n \to \infty} \lambda_n = \infty \qquad und \qquad \sum_{n=1}^{\infty} a_n \lambda_n < \infty$$

angeben.

Nach J. Hadamard konstruieren wir die λ_n mit Hilfe der Reihenreste

$$r_n = \sum_{k=n}^{\infty} a_k :$$

$$\lambda_n = \frac{1}{\sqrt{r_n} + \sqrt{r_{n+1}}} .$$

$r_{n+1} - r_n = a_n > 0$ hat $r_n > r_{n+1}$ und $\lambda_n < \lambda_{n+1}$ zur Folge. $\lim_{n \to \infty} r_n = 0$ führt zu $\lim_{n \to \infty} \lambda_n = \infty$. Schließlich erhalten wir

$$\sum_{n=1}^{k} a_n \lambda_n = \sum_{n=1}^{k} (r_n - r_{n+1}) \frac{1}{\sqrt{r_n} + \sqrt{r_{n+1}}} = \sum_{n=1}^{k} (\sqrt{r_n} - \sqrt{r_{n+1}}) =$$

$$= \sqrt{r_1} - \sqrt{r_{k+1}} ,$$

was im Grenzübergang $k \to \infty$ wieder eine konvergente Reihe ergibt.   ////

Hilfssatz 2: *Zu jeder Folge positiver Zahlen* c_n *mit*

$$\sum_{n=1}^{\infty} \frac{1}{n} c_n < \infty$$

kann man eine streng monoton wachsende Folge natürlicher Zahlen $k(n)$ *mit*

$$\lim_{n \to \infty} \frac{k(n+1)}{k(n)} = 1 \qquad und \qquad \sum_{n=1}^{\infty} c_{k(n)} < \infty$$

angeben.

Nach Hilfssatz 1 können wir nämlich eine streng monoton wachsende und gegen unendlich divergierende Folge positiver λ_n mit

$$\sum_{n=1}^{\infty} \frac{1}{n} c_n \lambda_n < \infty$$

finden. Wir legen die natürlichen Zahlen $g(n)$ so fest, daß $\lambda_{g(1)} > 1$ ist und bei bereits bekanntem $g(n)$ auf $g(n+1)$

$$g(n+1) \leqslant (g(n+1) - g(n))\lambda_{g(n)}$$

zutrifft. Aus dieser Ungleichung berechnen wir

$$g(n+1) \geqslant \frac{g(n)\lambda_{g(n)}}{\lambda_{g(n)} - 1} .$$

Daraus können wir

$$g(n+1) = [g(n)\frac{\lambda_{g(n)}}{\lambda_{g(n)} - 1}] + 1$$

festlegen. Unsere Konstruktion gewährleistet einerseits $g(n+1) > g(n)$ und andererseits

$$\lim_{n \to \infty} \frac{g(n+1)}{g(n)} = 1 .$$

Der Grenzwert ergibt sich nämlich aus

$$1 \leqslant \frac{g(n+1)}{g(n)} \leqslant \frac{\lambda_{g(n)}}{\lambda_{g(n)} - 1} + \frac{1}{g(n)} = \frac{1}{1 + 1/\lambda_{g(n)}} + \frac{1}{g(n)} ,$$

$$1 \leqslant \underline{\lim_{n \to \infty}} \frac{g(n+1)}{g(n)} \leqslant \overline{\lim_{n \to \infty}} \frac{g(n+1)}{g(n)} = 1 .$$

$k(n)$ bestimmen wir nun so: einerseits erfüllt es $g(n) < k(n) \leqslant g(n+1)$ und andererseits stellt $c_{k(n)}$ das kleinste der c_i mit $g(n) < i \leqslant g(n+1)$ dar. Hieraus folgt:

$$c_{k(n)} \leqslant \frac{1}{g(n+1)-g(n)} \sum_{r=g(n)+1}^{g(n+1)} c_r = \frac{g(n+1)}{g(n+1)-g(n)} \sum_{r=g(n)+1}^{g(n+1)} \frac{1}{g(n+1)} c_r \leqslant$$

$$\leqslant \lambda_{g(n)} \sum_{r=g(n)+1}^{g(n+1)} \frac{1}{r} c_r \leqslant \sum_{r=g(n)+1}^{g(n+1)} \frac{1}{r} c_r \lambda_r .$$

Aus

$$\sum_{n=1}^{N} c_{k(n)} \leqslant \sum_{r=g(1)+1}^{g(2)} \frac{1}{r} c_r \lambda_r + \ldots + \sum_{r=g(N)+1}^{g(N+1)} \frac{1}{r} c_r \lambda_r = \sum_{r=g(1)+1}^{g(N+1)} \frac{1}{r} c_r \lambda_r \leqslant$$

$$\leqslant \sum_{r=1}^{\infty} \frac{1}{r} c_r \lambda_r < \infty$$

erkennen wir die Konvergenz von

$$\sum_{n=1}^{\infty} c_{k(n)} \cdot$$

Aus der Abschätzung

$$1 \leqslant \varliminf_{n \to \infty} \frac{k(n+1)}{k(n)} \leqslant \varlimsup_{n \to \infty} \frac{k(n+1)}{k(n)} \leqslant \lim_{n \to \infty} \frac{g(n+2)}{g(n)} =$$

$$= \lim_{n \to \infty} \frac{g(n+2)}{g(n+1)} \frac{g(n+1)}{g(n)} = 1$$

folgt

$$\lim_{n \to \infty} \frac{k(n+1)}{k(n)} = 1 . \qquad ////$$

Kehren wir wieder zu der Frage zurück, von der wir ausgegangen sind: Unter welchen Bedingungen sind für fast alle z aus Z und fast alle $\omega(n)$ aus dem metrisierbaren Kompaktum X die Folgen $f\omega(n,z)$ gleichverteilt? Legen wir ein Hauptsystem $e_h(x)$ mit den in Hilfssatz 4 (Paragraph IV.2) genannten Eigenschaften zugrunde, muß man lediglich

$$\lim_{N \to \infty} \frac{1}{N} \sum_{n=1}^{N} e_h(f\omega(n,z)) = 0$$

für fast alle $\omega(n)$ und fast alle z bei jedem $h \neq 0$ herleiten. Nach Hilfssatz 3 (Paragraph IV.2) genügt bloß der Nachweis von

$$\lim_{N \to \infty} \frac{1}{k(N)} \sum_{n=1}^{k(N)} e_h(f\omega(n,z)) = 0,$$

und Hilfssatz 2 (Paragraph IV.2) verlangt nur, daß man hiezu

(1) $$\sum_{N=1}^{\infty} \int_Z \int_\Omega |\frac{1}{k(N)} \sum_{n=1}^{k(N)} e_h(f\omega(n,z))|^2 \, d\chi^\infty(\omega(n)) d\zeta(z) < \infty$$

zeigt. Dabei bezeichnen Ω, wie üblich, den Raum aller Folgen $\omega(n)$ in X und χ^∞ das entsprechende Produktmaß in Ω. Die noch frei wählbare Folge

$k(n)$ muß lediglich streng monoton wachsen und

$$\lim_{n \to \infty} \frac{k(n+1)}{k(n)} = 1$$

erfüllen. Hierauf wenden wir nun Hilfssatz 2 an: (1) kann ihm zufolge bereits aus

$$\sum_{N=1}^{\infty} \frac{1}{N} \int_Z \int_\Omega |\frac{1}{N} \sum_{n=1}^{N} e_h(f\omega(n,z))|^2 \, d\chi^\infty(\omega(n)) d\zeta(z) < \infty$$

gefolgert werden, falls man die Folge $k(n)$ so wählt, wie es der Beweis des Hilfssatzes vorschreibt. Wir gewinnen hieraus eine sehr allgemeine Fassung des folgenden Satzes[31]:

Satz von Davenport, Erdös und LeVeque: *Z bezeichne einen Maßraum mit dem Wahrscheinlichkeitsmaß ζ. Ordnet man jeder Folge $\omega(n)$ in dem Kompaktum X und jedem z aus Z durch $f\omega(n,z)$ eine neue Folge in X zu und gilt bei einem Hauptsystem $e_h(x)$, das den Bedingungen des Hilfssatzes 4 (Paragraph IV.2) entspricht, für alle $h \neq 0$*

$$\sum_{N=1}^{\infty} \frac{1}{N} \int_Z \int_\Omega |\frac{1}{N} \sum_{n=1}^{N} e_h(f\omega(n,z))|^2 \, d\chi^\infty(\omega(n)) d\zeta(z) < \infty,$$

dann liefert $f\omega(n,z)$ für fast alle $\omega(n)$ im Sinne von χ^∞ und für fast alle z im Sinne von ζ eine gleichverteilte Folge.

Wir geben sogleich eine Anwendung des Satzes bei Repetierfolgen:

Ordnen wir jedem $\omega(n)$ die Folge

$$f\omega(n) = \underbrace{\omega(1),...,\omega(1)}_{L_1}, \underbrace{\omega(2),...,\omega(2)}_{L_2}, ..., \underbrace{\omega(n),...,\omega(n)}_{L_n}, ...$$

zu und entsprechen die monoton nicht abnehmenden L_n bei einem positiven δ

$$L_{n+1}(\log L_{n+1})^{1+\delta} \leqslant \frac{L_1 + ... + L_n}{(\log(L_1 + ... + L_n))^{1+\delta}},$$

dann liefern fast alle $\omega(n)$ im Sinne des Maßes χ^∞ gleichverteilte $f\omega(n)$.

Für den Beweis bestimmen wir den Index m zu jeder natürlichen Zahl N durch

$$L_1 + \ldots + L_{m-1} \;\leqslant\; N \;<\; L_1 + \ldots + L_m \;.$$

Jedes $h \neq 0$ erfüllt daher

$$\sum_{n=1}^{N} e_h(f\omega(n)) \;=\; L_1 e_h(\omega(1)) + \ldots + L_{m-1} e_h(\omega(m-1)) + l_m e_h(\omega(m)),$$

wobei $0 \leqslant l_m < L_m$ gilt. Setzen wir für alle übrigen $j = 1, \ldots, m-1 \quad l_j = L_j$, erhalten wir

$$\left| \sum_{n=1}^{N} e_h(f\omega(n)) \right|^2 \;=\; \sum_{j,k=1}^{m} l_j l_k e_h(\omega(j)) \overline{e_h(\omega(k))} \;,$$

$$\int_{\Omega} \left| \frac{1}{N} \sum_{n=1}^{N} e_h(f\omega(n)) \right|^2 d\chi^\infty(\omega(n)) \;\leqslant\; \frac{1}{N^2} \sum_{j=1}^{m} l_j^2 \;\leqslant\; \frac{1}{N^2} \sum_{j=1}^{m} L_j^2 \;\leqslant$$

$$\leqslant\; \frac{1}{N^2} L_m \sum_{j=1}^{m} L_j \;,$$

wobei wir die letzte Abschätzung mit der Monotonie der L_n begründen. Setzen wir

$$S_k \;=\; \sum_{j=1}^{k} L_j \;,$$

gilt nach Voraussetzung $L_m \leqslant S_{m-1}(\log S_m)^{-1-\delta}$, $S_{m-1} \leqslant N < S_m$ und

$$\frac{S_m}{S_{m-1}} \;=\; 1 + \frac{L_m}{S_{m-1}} \;\leqslant\; 1 + (\log S_m)^{-1-\delta} \;.$$

Wir nehmen dabei N so groß an, daß bereits $m \geqslant 2$ ist. Aus

$$\frac{1}{N^2} L_m \sum_{j=1}^{m} L_j \;\leqslant\; \frac{S_m}{S_{m-1}} (\log S_m)^{-1-\delta}$$

folgern wir

$$\sum_{N=N_0}^{\infty} \frac{1}{N} \int_{\Omega} \left| \frac{1}{N} \sum_{n=1}^{N} e_h(f\omega(n)) \right|^2 d\chi^\infty(\omega(n)) \;\leqslant$$

$$\leqslant\; \sum_{N=N_0}^{\infty} \frac{(\log S_m)^{-1-\delta}(1+(\log S_m)^{-1-\delta})}{N} \;\leqslant\; \sum_{N=N_0}^{\infty} \frac{1}{N(\log N)^{1+\delta}} \;+$$

$$+\; \sum_{N=N_0}^{\infty} \frac{1}{N(\log N)^{2+2\delta}} \;\to\; 0 \qquad\qquad \text{bei } N_0 \to \infty,$$

und das war zu zeigen.   ////

Zwei weitere Anwendungen behandeln reellwertige Folgen:

Satz von Weyl[3] : *g(n) bezeichne eine beliebige Folge ganzer Zahlen, wobei aus g(n) = g(m) n = m folgt. Die Folge $\alpha g(n)$ ist dann für fast alle reellen α gleichverteilt modulo 1.*

Vorerst soll α nur aus dem Intervall $[a, a+1[$ (bei einer ganzen Zahl a) entnommen werden. Wir setzen $Z = [a, a+1[$ und ζ gleich dem Lebesguemaß auf Z. Die Folge $f\omega(n, \alpha)$ definieren wir durch

$$f\omega(n, \alpha) = \alpha \cdot g(n) ;$$

$f\omega(n, \alpha)$ ist dabei von der Vorgabe irgendeiner Folge $\omega(n)$ unabhängig. Nach dem Satz von Davenport, Erdös und LeVeque genügt daher der Nachweis von

$$\sum_{N=1}^{\infty} \frac{1}{N} \int_{a}^{a+1} |\frac{1}{N} \sum_{n=1}^{N} e(h\alpha g(n))|^2 \, d\alpha < \infty$$

für alle ganzzahligen $h \neq 0$. Dabei gilt:

$$\int_{a}^{a+1} |\frac{1}{N} \sum_{n=1}^{N} e(h\alpha g(n))|^2 \, d\alpha = \frac{1}{N^2} \sum_{n,m=1}^{N} \int_{a}^{a+1} e(h\alpha(g(n)-g(m))) \, d\alpha .$$

Das rechte Integral verschwindet im Fall $n \neq m$, d.h.

$$\sum_{N=1}^{\infty} \frac{1}{N} \int_{a}^{a+1} |\frac{1}{N} \sum_{n=1}^{N} e(h\alpha g(n))|^2 \, d\alpha = \sum_{N=1}^{\infty} \frac{1}{N} \frac{1}{N^2} \sum_{n=m=1}^{N} 1 = \sum_{N=1}^{\infty} \frac{1}{N^2} < \infty .$$

Die Behauptung stimmt also für fast alle α aus $[a, a+1[$. Nun liegen aber nur abzählbar viele derartige Intervalle vor, woraus die Behauptung für fast alle reellen α folgt. ////

Als Beispiel erwähnen wir, daß $\alpha p(n)$ für fast alle α gleichverteilt modulo 1 ist, wenn $p(n)$ der Größe nach alle Primzahlen durchläuft. I.M. Winogradow[32] konnte sogar zeigen, daß es genau die irrationalen α sind, die zu gleichverteilten $\alpha p(n)$ führen.

Satz von Koksma[33] : *Für fast alle* $\alpha > 1$ *bildet* α^n *eine modulo 1 gleichverteilte Folge.*

Wie zuvor genügt auch hier der Nachweis von

$$\sum_{N=1}^{\infty} \frac{1}{N} \int_{a}^{a+1} |\frac{1}{N} \sum_{n=1}^{N} e(h\alpha^n)|^2 \, d\alpha < \infty,$$

wobei a eine beliebige natürliche Zahl bezeichnet. Es ist

$$\int_a^{a+1} |\frac{1}{N} \sum_{n=1}^{N} e(h\alpha^n)|^2 \, d\alpha = \frac{1}{N^2} \sum_{n,m=1}^{N} \int_a^{a+1} e(h(\alpha^n - \alpha^m)) \, d\alpha \, .$$

Für $n \neq m$ ergibt partielle Integration

$$\int_a^{a+1} e(h(\alpha^n - \alpha^m)) \, d\alpha = \frac{e(h(\alpha^n - \alpha^m))}{2\pi i h(n\alpha^{n-1} - m\alpha^{m-1})} \Big|_{\alpha=a}^{\alpha=a+1} -$$

$$- \int_a^{a+1} \frac{e(h(\alpha^n - \alpha^m))}{2\pi i h} \frac{d}{d\alpha} (\frac{1}{n\alpha^{n-1} - m\alpha^{m-1}}) \, d\alpha \, .$$

Wir gelangen zur Abschätzung

$$|\int_a^{a+1} e(h(\alpha^n - \alpha^m)) \, d\alpha| \leqslant \frac{1}{\pi |h(n-m)|} + \frac{1}{2\pi |h|} \int_a^{a+1} |\frac{d}{d\alpha} (\frac{1}{n\alpha^{n-1} - m\alpha^{m-1}})| \, d\alpha \, .$$

Nun besitzt

$$\frac{d}{d\alpha} (\frac{1}{n\alpha^{n-1} - m\alpha^{m-1}}) = \frac{-n(n-1)\alpha^{n-2} + m(m-1)\alpha^{m-2}}{(n\alpha^{n-1} - m\alpha^{m-1})^2}$$

ein konstantes Vorzeichen. Im Fall $n = 1$ oder $m = 1$ sieht man es auf den ersten Blick, bei $n > m \geqslant 2$ bzw. $m > n \geqslant 2$ folgt es aus

$$-n(n-1)\alpha^{n-2} + m(m-1)\alpha^{m-2} < -n(n-1)\alpha^{n-2} + n(n-1)\alpha^{n-2} = 0$$

bzw.

$$-n(n-1)\alpha^{n-2} + m(m-1)\alpha^{m-2} > -m(m-1)\alpha^{m-2} + m(m-1)\alpha^{m-2} = 0.$$

Somit lautet die Abschätzung für $n \neq m$:

$$|\int_a^{a+1} e(h(\alpha^n - \alpha^m)) \, d\alpha| \leqslant \frac{2}{\pi |h(n-m)|} \, .$$

Daraus schließen wir

$$\int_a^{a+1} |\sum_{n=1}^{N} e(h\alpha^n)|^2 \, d\alpha = \sum_{\substack{n,m=1 \\ n=m}}^{N} \int_a^{a+1} e(h(\alpha^n - \alpha^m)) \, d\alpha + \sum_{\substack{n,m=1 \\ n>m}}^{N} \int_a^{a+1} e(h(\alpha^n - \alpha^m)) \, d\alpha$$

$$+ \sum_{\substack{n,m=1 \\ n<m}}^{N} \int_a^{a+1} e(h(\alpha^n - \alpha^m)) \, d\alpha \leqslant N + \sum_{n=1}^{N} \sum_{n=m+1}^{N} \frac{2}{\pi |h(n-m)|} +$$

$$+ \sum_{n=1}^{N} \sum_{m=n+1}^{N} \frac{2}{\pi|h(n-m)|} \leqslant N + \frac{4}{\pi|h|} \sum_{n=1}^{N} \sum_{j=1}^{N-n} \frac{1}{j} \leqslant$$

$$\leqslant N + \frac{4}{\pi|h|} N \sum_{j=1}^{N} \frac{1}{j} \leqslant N(1 + \frac{4}{\pi|h|}) + N \sum_{j=2}^{N} \int_{j-1}^{j} \frac{dt}{j} \leqslant$$

$$\leqslant 3N + N \int_{1}^{N} \frac{dt}{t} = 3N + N \log N .$$

Die Behauptung folgt nun aus

$$\sum_{N=1}^{\infty} \frac{1}{N} \int_{a}^{a+1} |\frac{1}{N} \sum_{n=1}^{N} e(h\alpha^n)|^2 d\alpha \leqslant \sum_{N=1}^{\infty} \frac{1}{N^3}(3N + N \log N) =$$

$$= \sum_{N=1}^{\infty} \frac{3}{N^2} + \sum_{N=1}^{\infty} \frac{\log N}{N^2} < \infty \qquad \qquad ////$$

Bei konkreten Beispielen hilft dieser Satz überhaupt nicht. Ob die Folgen e^n, π^n oder gar $(3/2)^n$ gleichverteilt modulo 1 sind, weiß bis heute niemand. Allerdings sind einige nichttriviale Beispiele von Zahlen α bekannt, für die α^n nicht gleichverteilt modulo 1 ist. Sie werden nach C. Pisot und T. Vijayaraghavan benannt[34]. Diese *PV–Zahlen* sind ganze algebraische Zahlen $\alpha > 1$, deren konjugierte Zahlen $\alpha^{(2)}, ..., \alpha^{(k)}$ der Ungleichung $|\alpha^{(i)}| < 1$, $i = 2, 3, ..., k$, entsprechen. k bezeichnet dabei den Grad von α. Zum Beispiel ist

$$\frac{1 + \sqrt{5}}{2},$$

die Zahl des goldenen Schnittes, eine PV–Zahl.

Für PV–Zahlen α ist α^n nicht gleichverteilt modulo 1.

Nehmen wir nämlich das Gegenteil an und bezeichnen wir mit a_n die nächste ganze Zahl an α^n, wäre auch $\alpha^n - a_n$ modulo 1 gleichverteilt. Legen wir die ganzen Zahlen g_n durch

$$g_n = \alpha^n + (\alpha^{(2)})^n + ... + (\alpha^{(k)})^n$$

fest, ergibt die Abschätzung

$$|\alpha^n - a_n| \leqslant |\alpha^n - g_n| \leqslant |\alpha^{(2)}|^n + ... + |\alpha^{(k)}|^n$$

beim Grenzübergang $n \to \infty$

6 Hlawka, Theorie der Gleichverteilung

$$\lim_{n \to \infty} |\alpha^n - a_n| = 0.$$

Für eine modulo 1 gleichverteilte Folge ist dies aber undenkbar.   ////

Nach R. Salem nennt man PV–Zahlen auch S–Zahlen. Salem führte außerdem T–Zahlen ein. Dabei handelt es sich um ganze algebraische Zahlen $\alpha > 1$, für deren Konjugierte $\alpha^{(2)}, ..., \alpha^{(k)}$ die Ungleichungen $|\alpha^{(i)}| \leq \leq 1$ gelten. Von T–Zahlen, die keine S–Zahlen sind, weiß man, daß α^n modulo 1 dicht, aber nicht gleichverteilt ist. Auf den Nachweis gehen wir nicht näher ein.

2. Es gibt sehr wenige gleichverteilte Folgen

Nun betrachten wir Ω, die Familie aller Folgen $\omega(n)$ in einem metrisierbaren kompakten Raum X, mit den Augen eines Topologen. Ω kann als Produkt abzählbar unendlich vieler Exemplare des Raumes X gesehen werden. Wie bei den Produktmaßen χ^∞ kennzeichnet man die *Produkttopologie*[4] auf Ω dadurch, daß man die Familie aller Zylindermengen $G_1 \times G_2 \times ... \times G_n \times ... \subset \Omega$ zur Basis erhebt, wobei alle $G_n \subset X$ offen sind und ab einem Index $n \geq r$ alle G_n mit X sogar übereinstimmen.

Die Möglichkeit, X bestehe allein aus einem Punkt, schließen wir von vornherein aus; sie ist zu einfach. Ein Hauptsystem $e_h(x)$ kann daher nicht allein aus Konstanten bestehen; es enthält vielmehr mindestens eine nichtkonstante Funktion $e_1(x)$. Zu ihr gibt es auch einen Punkt a aus X, für den

$$c = |e_1(a) - \int_X e_1(x) d\chi(x)| > 0$$

positiv ist. χ bezeichnet, wie üblich, ein Borelmaß auf X mit $\chi(X) = 1$.

Nun umfaßt jede nichtleere offene Menge in Ω eine Zylindermenge der Form $G_1 \times G_2 \times ... \times G_n \times ...$, wobei ab $n \geq r$ $G_n = X$ eintritt und jedes G_n mindestens einen Punkt $x_n \in X$ enthält. Die Bedingung $G_n = X$ ab $n \geq r$ ermöglicht außerdem, ab $n \geq r$ $x_n = a$ zu setzen, und noch immer liegt x_n in $G_1 \times G_2 \times ... \times G_n \times ...$. Die Rechnung

$$|\frac{1}{N} \sum_{n=1}^{N} e_1(x_n) - \int_X e_1(x) d\chi(x)| =$$

$$= |\frac{1}{N} \sum_{n=1}^{N} e_1(a) - \int_X e_1(x) d\chi(x) + \frac{1}{N} \sum_{n=1}^{r} (e_1(x_n) - e_1(a))| \geq$$

$$\geqslant |e_1(a) - \int_X e_1(x)d\chi(x)| - \frac{1}{N} \sum_{n=1}^{r} |e_1(x_n) - e_1(a)| \geqslant$$

$$\geqslant c - \frac{2r}{N} \sup_{x \in X} |e_1(x)|$$

zeigt, daß man bei einem genügend großen N

$$|\frac{1}{N} \sum_{n=1}^{N} \cdot e_1(x_n) - \int_X e_1(x)d\chi(x)| > \frac{c}{2}$$

erreicht. Sammeln wir alle Folgen $\omega(n)$ mit

$$|\frac{1}{N} \sum_{n=1}^{N} e_1(\omega(n)) - \int_X e_1(x)d\chi(x)| \leqslant \frac{c}{2}$$

für alle $N \geqslant N_0$ in der Familie $K(N_0)$, kann auf Grund der obigen Überlegung keine offene Menge aus Ω ganz in $K(N_0)$ liegen (außer sie wäre leer). Da die Zuordnung der Folge $\omega(n)$ zur Zahl

$$\frac{1}{N} \sum_{n=1}^{N} e_1(\omega(n))$$

stetig ist, muß jedes $K(N_0)$ auch abgeschlossen sein. Abgeschlossene Mengen ohne innere Punkte sind – topologisch gesehen – winzig. Solche Mengen sind *nirgends dichte* abgeschlossene Mengen. Auch abzählbare Vereinigungen nirgends dichter Mengen bleiben aus topologischer Sicht klein. Sie heißen *mager* oder *von 1. Kategorie*. Nach einem Satz von R.L. Baire[4] können magere Mengen niemals vollständige metrisierbare Räume bilden. Es ist vielmehr so, daß in einem vollständigen metrisierbaren Raum alle Punkte *außerhalb* einer mageren Menge dicht liegen.

In unserem Beispiel sind alle gleichverteilten Folgen in der abzählbaren Vereinigung aller $K(N_0)$, wenn N_0 die natürlichen Zahlen durchläuft. Dies bedeutet[25]:

Die gleichverteilten Folgen eines metrisierbaren kompakten Raumes mit mehr als zwei Punkten bilden eine magere Menge.

Trotzdem: allzu klein kann die Familie aller gleichverteilten Folgen auch nicht sein:

Die gleichverteilten Folgen liegen dicht in der Menge aller Folgen eines kompakten metrisierbaren Raumes.

Zum Nachweis brauchen wir nur in einer beliebigen offenen und nichtleeren Zylindermenge $G_1 \times G_2 \times ... \times G_n \times ... \subset \Omega$ eine gleichverteilte Folge zu finden. Bezeichnet $\omega^*(n)$ irgendeine gleichverteilte Folge, können wir wegen $G_n =$ $= X$ ab $n \geqslant r$ für alle $n \geqslant r$ $\omega^*(n) \in G_n$ erkennen. Liegen ferner bei $n < r$ die Punkte x_n in G_n, setzen wir die Folge $\omega(n)$ durch $\omega(n) = x_n$ bei $n < r$ und $\omega(n) = \omega^*(n)$ bei $n \geqslant r$ fest. Da eine Änderung endlich vieler Folgeglieder die Eigenschaft der Gleichverteiltheit ungeändert läßt, erhalten wir mit $\omega(n) \in G_n$ eine in der Zylindermenge liegende gleichverteilte Folge.   ////

3. Normale Zahlen

$r \geqslant 2$ bezeichne eine natürliche Zahl. Eine reelle Zahl α heißt *normal zur Basis* r, wenn αr^n modulo 1 gleichverteilt ist. Setzt man $r^n = g(n)$, besagt der Satz von Weyl (1. Paragraph):

Fast alle reellen Zahlen sind zu einer Basis $\geqslant 2$ normal.

Eine zu jeder Basis normale Zahl heißt *absolut normal*. Wir haben nur abzählbar viele Basen zur Verfügung; daraus folgt:

Fast alle reellen Zahlen sind absolut normal.

Wir verstehen das Wesen normaler Zahlen besser, wenn wir von der Zifferndarstellung

$$\alpha = [\alpha] + \sum_{n=1}^{\infty} z_n(\alpha) r^{-n}$$

der Zahl α zur Basis r ausgehen, wobei die Ziffern $z_n(\alpha)$ in der durch $0, 1, ..., r-1$ gebildeten Menge R liegen und wir jene Zifferndarstellungen ausschließen, bei denen ab einer bestimmten Stelle nur die Ziffer $r - 1$ auftritt. Bezeichnet $J(a_l)$ für einen beliebigen Punkt a_l aus R^L das Intervall

$$J(a_l) = [\sum_{l=1}^{L} \frac{a_l}{r^l}, \sum_{l=1}^{L} \frac{a_l}{r^l} + \frac{1}{r^L}[\subset [0,1[,$$

besteht für alle n eine Äquivalenz der Aussagen $c_{J(a_l)}(\alpha r^n) = 1$ und $z_{n+l}(\alpha) = a_l$. Bei einer zur Basis r normalen Zahl α folgt aus

(1) $$\lim_{N \to \infty} \frac{1}{N} \sum_{n=1}^{N} c_{J(a_l)}(\alpha r^n) = \int_0^1 c_{J(a_l)}(x) dx = \frac{1}{r^L}$$

die Formel

$$(2) \qquad \lim_{N \to \infty} \frac{1}{N} \sum_{n=1}^{N} c_{a_l}(z_{n+l}(\alpha)) = \frac{1}{r^L},$$

wobei

$$c_{a_l}(x_l) = \begin{cases} 1, & \text{wenn } x_l = a_l \\ 0 & \text{sonst} \end{cases}$$

bedeutet. Genauso kann man aus (2) (1) folgern. Da man zu jedem Intervall $J \subset [0,1[$ bei genügend großem L zwei Vereinigungen $\underline{J}$ und $\overline{J}$ aneinanderhaftender Intervalle der Form $J(a_l)$ mit $c_{\underline{J}}(x) \leq c_J(x) \leq c_{\overline{J}}(x)$ mit beliebig kleinem Unterschied

$$\int_0^1 (c_{\overline{J}}(x) - c_{\underline{J}}(x)) dx \leq \frac{2}{r^L} < \epsilon$$

konstruieren kann, folgern wir nach Hilfssatz 1 (Paragraph I.2):

$$\lim_{N \to \infty} \frac{1}{N} \sum_{n=1}^{N} c_J(\alpha r^n) = \int_0^1 c_J(x) dx,$$

d.h. α ist normal zur Basis r.

Nennen wir mit E. Borel[35] ein α mit

$$\lim_{N \to \infty} \frac{1}{N} \sum_{n=1}^{N} c_{a_l}(z_{n+l}(\alpha)) = \frac{1}{r^L}$$

für alle a_l aus R^L *L−einfach normal* zur Basis r, bedeutet dies:

α *ist dann und nur dann normal zur Basis r, wenn α für alle L eine zur Basis r L−einfach normale Zahl darstellt.*

Bei $L−$einfach normalen Zahlen liegen die Ziffern $z_{n+l}(\alpha)$ im diskreten Kompaktum R^L (beim translationsinvarianten und normierten Zählmaß) gleichverteilt. Im Fall $L = 1$ nennen wir α eine *einfach normale* Zahl. In ihr kommt jede Ziffer mit der gleichen Häufigkeit vor. S.S. Pillai[36] und J.E. Maxfield[37] untersuchten diese Begriffe genauer und stellten fest:

Für jede Zahl α sind folgende Aussagen gleichbedeutend:

1. Für jedes L sind die Zahlen $\alpha, \alpha r, ..., \alpha r^{L-1}$ einfach normal zur Basis r^L.

2. Für jedes L ist α L−einfach normal zur Basis r.

3. α ist normal zur Basis r.

Bezeichnen wir die Ziffern der Zahl αr^j zur Basis r^L mit $w_m(\alpha r^j)$, dann besagt 1. für jede ganze Zahl a mit $0 \leqslant a < r^L$:

$$\lim_{M \to \infty} \frac{1}{M} \sum_{m=1}^{M} c_a(w_m(\alpha r^j)) = \frac{1}{r^L}.$$

Setzen wir

$$a = \sum_{l=1}^{L} a_l r^{L-l}, \qquad\qquad 0 \leqslant a_l < r,$$

und berechnen wir

$$w_m(\alpha r^j) = \sum_{l=1}^{L} z_{(m-1)L+l}(\alpha r^j) r^{L-l},$$

können wir den obigen Grenzwert für alle $j = 0, 1, \ldots, L-1$ zu

$$\lim_{M \to \infty} \frac{1}{M} \sum_{m=1}^{M} c_{a_l}(z_{(m-1)L+j+l}(\alpha)) = \frac{1}{r^L}$$

umformen. Ermitteln wir M und $J < L$ bei einem beliebigen $N \in \mathbf{N}$ aus $M = [N/L]$, $J = N - ML$, erhalten wir aus

$$\frac{1}{N} \sum_{n=1}^{N} c_{a_l}(z_{n+l}(\alpha)) = \left(\frac{1}{N+1} \sum_{n=0}^{N} c_{a_l}(z_{n+l}(\alpha)) \right) \frac{N+1}{N} - \frac{1}{N} c_{a_l}(z_l(\alpha)) =$$

$$= \frac{N+1}{N} \left(\frac{M}{N+1} \sum_{j=0}^{L-1} \frac{1}{M} \sum_{m=1}^{M} c_{a_l}(z_{(m-1)L+j+l}(\alpha)) + \frac{1}{N+1} \sum_{j=0}^{J} c_{a_l}(z_{ML+j+l}(\alpha)) \right) -$$

$$- \frac{1}{N} c_{a_l}(z_l(\alpha))$$

bei $N \to \infty$ den Grenzwert

$$1 \left(\frac{1}{L} \sum_{j=0}^{L-1} \frac{1}{r^L} + 0 \right) - 0 = \frac{1}{r^L};$$

2. ergibt sich tatsächlich aus 1..

3. folgt nach einem uns bereits bekannten Ergebnis aus 2..

Nun gehen wir von 3. aus. Für jede natürliche Zahl m bleibt $m\alpha r^n$ gleichverteilt modulo 1. Insbesondere folgt bei $m = r^q - 1$ aus der Gleichverteilung von $\alpha r^{n+q} - \alpha r^n$ nach dem Satz von Korobow und Postnikow für jedes natürliche L die Gleichverteilung von $\alpha r^{Ln+(L+j)} = \alpha r^{Ln+j} \cdot r^L$. Dies führt wegen des Zusammenhanges, den wir zwischen der Gleichverteilung modulo 1 und der Gleichverteilung in Restklassen kennengelernt haben, zur Gleichverteiltheit von

$$w_n(\alpha r^j) = [\alpha r^j \cdot r^{Ln}]$$

modulo r^L, was zu zeigen war. ////

Hieraus folgern wir:

Eine zur Basis r normale Zahl bleibt zu jeder Potenz r^p der Basis normal.

In diesem Zusammenhang könnte man fragen: Ist nicht überhaupt jede zu einer Basis normale Zahl absolut normal? J.W.S. Cassels[38] und W.M. Schmidt[39] zeigten jedoch, daß überabzählbar viele zu einer gegebenen Basis normalen Zahlen aus der Familie der absolut normalen Zahlen hinausgeworfen werden.

Dringlicher ist die Frage nach konkreten Beispielen normaler Zahlen. Bis heute kennt man nur einige ad hoc konstruierte kuriose Einzelgänger, wie die Zahl von D.G. Champernowne[40]

$$\alpha = 0,123456789\,1011\,1213\,1415\,1617\,1819\,2021\,2223\,24...\,,$$

die zur Basis 10 normal ist. Fragen wir nach der Normalität von $\sqrt{2}$, log 2, e oder π, kennen wir derzeit nicht einmal Ansätze zu einer Lösung.

Allzu „viele" normale Zahlen kann es aber gar nicht geben, denn wir behaupten:

Die zu einer Basis r einfach normalen Zahlen bilden eine magere Menge.

Bezeichnen wir nämlich für jedes reelle α die Anzahl aller $n \leqslant N$ mit $z_n(\alpha) = 0$ mit $A(N,\alpha)$ und sammeln wir alle α mit

$$\left| \frac{A(N,\alpha)}{N} - \frac{1}{r} \right| < \frac{1}{2r} \qquad \text{für alle } N \geqslant N_0$$

in $M(N_0)$, dann gehört jede einfach normale Zahl der Vereinigung aller $M(N_0)$ (mit $N_0 \in$ N) an. Wir brauchen nur mehr zu zeigen, daß alle $M(N_0)$ nirgends dicht sind. Enthielte der topologische Abschluß von $M(N_0)$ eine offene nichtleere Menge und somit ein offenes Intervall, läge in ihm eine Zahl a/r^L mit ganzzahligem a. Zu jedem N aus N könnten wir ein α aus $M(N_0)$ mit

$$\left| \alpha - \frac{a}{r^L} \right| < \frac{1}{r^N}$$

finden. Demnach müßten für alle $n = L+1, ..., N$ die Ziffern $z_n(\alpha)$ von α mit 0 oder mit $r-1$ identisch sein, und man könnte nur mehr zwischen

$$\frac{A(N,\alpha)}{N} > 1 - \frac{L}{N} \qquad \text{oder} \qquad \frac{A(N,\alpha)}{N} < \frac{L}{N}$$

wählen. Dies erzwänge bei genügend großem N $\quad \alpha \notin M(N_0)$, und der gewünschte Widerspruch ist erreicht. $\qquad\qquad\qquad\qquad //// $

Während sich die normalen Zahlen dem Maßtheoretiker geradezu aufdrängen, kann sie der Topologe auf der Zahlengeraden übersehen, so dünn sind sie gestreut.

VI Gleichmäßig gleichverteilte Folgen

Wie wir zu Beginn von modulo 1 dichten zu modulo 1 gleichverteilten Folgen übergegangen sind, verschärfen wir nun den Begriff „gleichverteilt modulo 1" durch „gleichmäßig gleichverteilt modulo 1". Diese Begriffseinengung sondert viele Folgen, zum Beispiel $\sqrt{n}$, aus. Nur auserlesene $\omega^{\langle}(n)$, darunter auch nα für irrationale α, sind gleichmäßig gleichverteilte Folgen.

1. Definition, Beispiele und Gegenbeispiele

Wenn Folgen nicht allein von der diskreten Variablen n, sondern auch von einem zweiten Parameter φ aus einer Menge Φ abhängen, bezeichnen wir sie als $\omega(n;\varphi)$. Liegt $\omega(n;\varphi)$ in der kompakten separablen Menge X, bezeichnet χ auf X ein reguläres Borelmaß mit $\chi(X) = 1$, und erfolgt für alle über X stetigen $f(x)$ der Grenzübergang

$$\lim_{N \to \infty} \frac{1}{N} \sum_{n=1}^{N} f(\omega(n;\varphi)) = \int_X f(x)\mathrm{d}\chi(x)$$

in φ gleichmäßig, nennen wir $\omega(n;\varphi)$ *gleichmäßig gleichverteilt*[17]. Genauer: Zu jedem stetigen $f(x)$ und jedem positiven ϵ kann man eine natürliche Zahl N_0 finden, sodaß für alle $N \geqslant N_0$ und alle $\varphi \in \Phi$

$$\left| \frac{1}{N} \sum_{n=1}^{N} f(\omega(n;\varphi)) - \int_X f(x)\mathrm{d}\chi(x) \right| < \epsilon$$

gilt.

In das Schema der in Paragraph IV.3 eingeführten allgemeinen Summierungsverfahren ordnen wir die gleichmäßig gleichverteilten Folgen so ein: Wie bei der gewöhnlichen Gleichverteilung setzen wir $\Sigma = N$; σ_N bezeichnet jenes auf die Zahlen $n \leqslant N$ konzentrierte Maß mit $\sigma_N(n) = 1/N$. Die geordnete Menge N ersetzen wir durch $\mathfrak{R}$, die Menge aller Paare (N,φ) mit $N \in N$ und $\varphi \in \Phi$. Die Halbordnung in $\mathfrak{R}$ erklären wir so, daß wir die zweite Komponente wie einen Statisten mitschleppen: $(N',\varphi) \leqslant (N'',\psi)$ bedeutet nur $N' \leqslant N''$. (Diese Halbordnung erzwingt aus $x \leqslant y$ und $y \leqslant x$ im allgemeinen *nicht* $x = y$.) Wenn für alle (N,φ) aus $\mathfrak{R}$ $\xi(N,\varphi)$ in R (oder C) definiert ist, bedeutet

$$\lim_{(N,\varphi)\in\mathfrak{R}} \xi(N,\varphi) = x \,,$$

daß man zu jeder Umgebung von x ein (N_0,φ_0) aus $\mathfrak{R}$ finden kann, sodaß alle $\xi(N,\varphi)$ ab $(N,\varphi) \geqslant (N_0,\varphi_0)$ in dieser Umgebung liegen. Nach Definition liegen ab $N \geqslant N_0$ unabhängig von φ_0 alle $\xi(N,\varphi)$ in der Umgebung, was die in φ gleichmäßige Konvergenz bedeutet.

Insbesondere gilt:

$\omega(n;\varphi)$ stellt dann und nur dann eine im kompakten Raum X gleichmäßig gleichverteilte Folge dar, wenn ein Hauptsystem von Funktionen $e_h(x)$

$$\lim_{N\to\infty} \frac{1}{N} \sum_{n=1}^{N} e_h(\omega(n;\varphi)) = \int_X e_h(x)d\chi(x)$$

erfüllt und der Grenzübergang in φ gleichmäßig erfolgt.

Nun beschäftigen wir uns nur mehr mit dem folgenden wichtigen Beispiel: $\omega(n)$ heißt eine *gleichmäßig gleichverteilte* Folge[41], wenn die durch $\omega(n;k) = \omega(n+k)$ gegebenen Folgen für alle nichtnegativen ganzen Zahlen k gleichmäßig gleichverteilt sind. Das bedeutet, daß für ein Hauptsystem $e_h(x)$ der Grenzübergang

$$\lim_{N\to\infty} \frac{1}{N} \sum_{n=1}^{N} e_h(\omega(n+k)) = \int_X e_h(x)d\chi(x)$$

gleichmäßig in k erfolgt.

In den ersten beiden Paragraphen betrachten wir nur reellwertige Folgen. Das einfachste Beispiel einer gleichmäßig gleichverteilten Folge bildet $n\alpha$, denn

$$\left|\frac{1}{N}\sum_{n=1}^{N} e(h\alpha(n+k))\right| = \left|\frac{1}{N}\sum_{n=1}^{N} e(h\alpha k)e(h\alpha n)\right| = \left|\frac{1}{N}\sum_{n=1}^{N} e(h\alpha n)\right|$$

hängt von k überhaupt nicht ab:

Für irrationale α ist αn gleichmäßig gleichverteilt modulo 1.

Will man statt der linearen Funktion αx Polynome betrachten, wird man versuchen, den Hauptsatz der Theorie der Gleichverteilung auf gleichmäßig gleichverteilte Folgen zu übertragen. Nehmen wir an, die Differenzenfolgen $\omega(n+q) - \omega(n)$ seien für alle natürlichen Zahlen q gleichmäßig gleichverteilt modulo 1, können wir zu jedem $\epsilon > 0$ und für jede natürliche Zahl Q mit $2/Q < \epsilon/5$ eine natürliche Zahl $N_0 \geqslant Q$ finden, sodaß für alle $N \geqslant N_0$, alle $q = 1, ..., Q$ und alle ganzen Zahlen $k \geqslant 0$

$$\left| \frac{1}{N-q} \sum_{n=1}^{N-q} e(h(\omega(n+q+k) - \omega(n+k))) \right| < \frac{\epsilon}{5}$$

bei $h \neq 0$ gilt. Die Fundamentalungleichung von van der Corput ergibt demnach für alle $N \geqslant N_0$ bei beliebigem ganzzahligem $h \neq 0$

$$\left| \frac{1}{N} \sum_{n=1}^{N} e(h\omega(n+k)) \right|^2 \leqslant \left(\frac{1}{Q} + \frac{1}{N} \right) \left(1 + 2 \sum_{q=1}^{Q} \left(1 - \frac{q}{Q} \right) \frac{N-q}{N} \frac{\epsilon}{5} \right) \leqslant$$

$$\leqslant \left(\frac{1}{Q} + \frac{1}{N} \right) \left(1 + 2Q\frac{\epsilon}{5} \right) \leqslant \frac{1}{Q} + \frac{1}{N} + \frac{2\epsilon}{5} + \frac{Q}{N} \frac{2\epsilon}{5} \leqslant \frac{2}{Q} + \frac{4\epsilon}{5} < \epsilon,$$

woraus wir folgendes Ergebnis erhalten[42] :

Bilden die Differenzenfolgen $\omega(n+q) - \omega(n)$ einer Folge $\omega(n)$ für alle natürlichen Zahlen q modulo 1 gleichmäßig gleichverteilte Folgen, ist $\omega(n)$ selbst gleichmäßig gleichverteilt modulo 1.

Untersuchen wir eine durch ein Polynom erzeugte Folge, können wir analog Paragraph III.2 schließen. Dies bedeutet:

Für jedes Polynom $p(x)$, bei dem in $p(x) - p(0)$ mindestens ein irrationaler Koeffizient auftritt, bildet $p(n)$ eine modulo 1 gleichmäßig gleichverteilte Folge.

Gleichverteilte, aber nicht gleichmäßig gleichverteilte Folgen fand zuerst G.M. Petersen[44]. Wir führen hier nicht allein sein spezielles Beispiel vor, sondern besprechen ein viel allgemeineres Resultat von Cigler[13] :

Die durch temperierte Funktionen $w(t)$ gewonnenen Folgen $w(n)$ sind nicht gleichmäßig gleichverteilt modulo 1.

Wir führen den Beweis auf Grund der folgenden einfachen Überlegungen: Aus Paragraph III.3 wissen wir bereits, daß bei einem temperierten $w(t)$ der Ordnung $L-1$ $\omega_l(n)$ mit

$$\omega_l(n) = \frac{w^{(l-1)}(n)}{(l-1)!}$$

eine modulo 1 gleichverteilte L-dimensionale Folge darstellt. Uns ist auch für jede bei $r \to \infty$ nach unendlich divergierende Folge s_r der Grenzwert

$$\lim_{r \to \infty} w^{(L)}(s_r) = \lim_{r \to \infty} \frac{w^{(L-1)}(s_r)}{s_r} = 0$$

bekannt. Die Gleichverteiltheit der obigen Folge erlaubt im besonderen, eine gegen unendlich divergierende Folge k_r natürlicher Zahlen mit

$$\lim_{r \to \infty} \frac{w^{(l-1)}(k_r)}{(l-1)!} - [\frac{w^{(l-1)}(k_r)}{(l-1)!}] = 0$$

zu finden. Nach dem Taylorschen Lehrsatz[14] folgern wir für alle n:

$$e(w(k_r+n)) = e(w(k_r) + \frac{w'(k_r)}{1!}n + \ldots + \frac{w^{(L-1)}(k_r)}{(L-1)!}n^{L-1} + \frac{w^{(L)}(k_r+\vartheta n)}{L!}n^L) =$$

$$= \prod_{l=1}^{L} e(\frac{w^{(l-1)}(k_r)}{(l-1)!}n^{l-1}) e(\frac{w^{(L)}(k_r+\vartheta n)}{L!}n^L) ,$$

woraus sich nach unseren Voraussetzungen

$$\lim_{r \to \infty} e(w(n+k_r)) = 1$$

ergibt. Wäre $w(n)$ gleichmäßig gleichverteilt modulo 1, könnten wir bei einem genügend großen N für alle k_r

$$|\frac{1}{N} \sum_{n=1}^{N} e(w(n+k_r))| < \frac{1}{2}$$

erreichen und erhalten beim Grenzübergang $r \to \infty$ den Widerspruch zur obigen Formel.   ////

2. Der Hauptsatz

In diesem Paragraphen wollen wir zeigen, wie man von gegebenen gleichmäßig gleichverteilten Folgen zu neuen gleichmäßig gleichverteilten Folgen gelangen kann. Im *Hauptsatz* wird dieses Verfahren beschrieben: Es lautet[17]:

Existiert zu einer gleichmäßig gleichverteilten Folge $\omega(n)$ *eine Folge* $\omega'(n)$ *mit*

$$\lim_{n \to \infty} \omega'(n+1) - \omega'(n) - \omega(n+1) + \omega(n) = 0 ,$$

dann stellt auch $\omega'(n)$ *eine modulo 1 gleichmäßig gleichverteilte Folge dar.*

Bevor wir den Beweis darlegen, ziehen wir eine Folgerung: Wählt man

$\omega(n) = n\alpha$, ergibt sich aus dem obigen Satz:

Liefern die aufeinanderfolgenden Differenzen einer Folge $\omega(n)$ einen irrationalen Grenzwert

$$\lim_{n \to \infty} \omega(n{+}1) - \omega(n) = \alpha,$$

dann ist $\omega(n)$ bereits gleichmäßig gleichverteilt modulo 1.

Überdies kann man im Hauptsatz die Voraussetzung der gleichmäßigen Gleichverteilung von $\omega(n)$ nicht durch die Annahme der bloßen Gleichverteilung abschwächen. Wir erkennen dies am Beispiel der Folge $\sqrt{n}$: Wäre auch für sie der Hauptsatz wahr, müßte wegen

$$\lim_{n \to \infty} \sqrt{n{+}1} - \sqrt{n} = 0$$

die konstante Nullfolge gleichverteilt sein, und das ist absurd.

Nun zum Beweis: Er erfolgt mit Unterstützung zweier Hilfssätze:

Hilfssatz 1: *Kann man zu einer Folge $\omega(n)$, zu jedem ganzzahligen $h \neq 0$ und jedem $\epsilon > 0$ natürliche Zahlen N_0 und K_0 mit*

$$\left| \frac{1}{N} \sum_{n=1}^{N} e(h\omega(n{+}k)) \right| < \epsilon$$

für alle $N \geqslant N_0$ und alle $k \geqslant K_0$ angeben, ist $\omega(n)$ bereits gleichmäßig gleichverteilt modulo 1.

Es lassen sich nämlich auch natürliche Zahlen P, Q mit

$$\left| \frac{1}{N} \sum_{n=1}^{N} e(h\omega(n{+}k)) \right| < \frac{\epsilon}{3}$$

für alle $N \geqslant P$ und alle $k \geqslant Q$ finden. Bei $k < Q$ folgern wir aus

$$\sum_{n=1}^{N} e(h\omega(n{+}k)) = \sum_{n=k+1}^{N+k} e(h\omega(n)) = \sum_{n=k+1}^{Q} e(h\omega(n)) +$$

$$+ \sum_{n=Q+1}^{N+Q} e(h\omega(n)) - \sum_{n=N+k+1}^{N+Q} e(h\omega(n))$$

$$\left| \frac{1}{N} \sum_{n=1}^{N} e(h\omega(n{+}k)) \right| \leqslant \frac{Q-k}{N} + \frac{\epsilon}{3} + \frac{(N+Q)-(N+k)}{N} \leqslant \frac{2Q}{N} + \frac{\epsilon}{3}.$$

Setzen wir $N^* \geqslant P$ so groß fest, daß $Q/N^* < \epsilon/3$ wird, ist

$$|\frac{1}{N} \sum_{n=1}^{N} e(h\omega(n+k))| < \epsilon$$

ab $N \geqslant N^*$ für $k \geqslant Q$ nach Voraussetzung und für $k < Q$ nach Konstruktion richtig. ////

Hilfssatz 2: *Definiert man bei beliebigen natürlichen Zahlen a, b und zwei Folgen $\omega(n)$ und $\omega'(n)$ Z als obere Schranke der Zahlen*

$$|\omega'(r+1) - \omega'(r) - \omega(r+1) + \omega(r)|,$$

wobei r die Zahlen $a, a+1, \ldots, b$ durchläuft, dann gilt für alle ganzen Zahlen $h \neq 0$

$$|\sum_{s=a}^{b} e(h\omega'(s))| \leqslant |\sum_{s=a}^{b} e(h\omega(s))| + 2\pi|h|(b - a + 1)^2 Z.$$

Nennen wir $\psi(r) = \omega'(r+1) - \omega'(r) - \omega(r+1) + \omega(r)$, können wir aus der Teleskopsumme

$$\sum_{r=a}^{s-1} \psi(r) = \omega'(s) - \omega(s) - \omega'(a) + \omega(a)$$

die Formeln

$$\omega'(s) = \sum_{r=a}^{s-1} \psi(r) + \omega(s) + \omega'(a) - \omega(a),$$

$$e(h\omega'(s)) = e(h(\omega'(a)-\omega(a)))e(h\omega(s))e(h \sum_{r=a}^{s-1} \psi(r)),$$

$$|\sum_{s=a}^{b} e(h\omega'(s)) - e(h(\omega'(a) - \omega(a))) \sum_{s=a}^{b} e(h\omega(s))| = |\sum_{s=a}^{b}(e(h \sum_{r=a}^{s-1} \psi(r)) - 1)|$$

$$= |\sum_{s=a}^{b} (e(h \sum_{r=a}^{s-1} \psi(r)) - e(h \cdot 0))|$$

ableiten, darauf auf Real- und Imaginärteil den Mittelwertsatz unter Berücksichtigung von $|\psi(r)| \leqslant Z$ anwenden

$$\leqslant 2\pi|h| \sum_{s=a}^{b} \sum_{r=a}^{s-1} |\psi(r)| \leqslant 2\pi|h|Z \sum_{s=a}^{b}(s-a) \leqslant 2\pi|h|(b-a+1)^2 Z,$$

und daraus unmittelbar die Gültigkeit des Satzes folgern.   ////

Gehen wir nun von der Voraussetzung des Hauptsatzes aus, können wir zu jedem positiven ϵ eine natürliche Zahl m so festlegen, daß alle ganzen Zahlen $r \geqslant 0$

$$|\frac{1}{m} \sum_{s=1}^{m} e(h\omega(s+r))| = \frac{1}{m}|\sum_{s=r+1}^{m+r} e(h\omega(s))| < \epsilon$$

entsprechen. Beschränken wir uns nur auf jene $r \geqslant r_0$ mit

$$(1) \qquad |\omega'(r+1) - \omega'(r) - \omega(r+1) + \omega(r)| < \frac{\epsilon}{m},$$

führen wir ferner die natürlichen Zahlen $N \geqslant m/\epsilon$, $k \geqslant r_0$, $Q = [N/m]$ und die ganze Zahl $R = N - mQ < m$ ein, bekommen wir

$$\sum_{j=0}^{N} e(h\omega'(j+k)) = \sum_{q=0}^{Q-1} \sum_{r=0}^{m-1} e(h\omega'(mq + r + k)) + \sum_{r=0}^{R} e(h\omega'(mQ + r + k)).$$

Für jedes $q = 0, 1, ..., Q-1$ setzen wir $a_q = mq + k$, $b_q = mq + k + (m-1) = m(q+1) + k - 1$ und folgern wegen $R \leqslant m-1$

$$|\sum_{j=0}^{N} e(h\omega'(j+k)) - \sum_{q=0}^{Q} \sum_{s=a_q}^{b_q} e(h\omega'(s))| \leqslant m.$$

$b_q - a_q + 1 = m$ hat

$$|\sum_{s=a_q}^{b_q} e(h\omega(n))| < m\epsilon$$

zur Folge, und mit (1) gewinnen wir aus Hilfssatz 2 das Ergebnis:

$$|\sum_{j=0}^{N} e(h\omega'(j+k))| \leqslant Qm\epsilon + 2\pi|h|m^2 \frac{\epsilon}{m} Q + m.$$

Wir gelangen somit für alle $N \geqslant m/\epsilon$ und alle $k \geqslant r_0$ zu

$$|\frac{1}{N} \sum_{n=1}^{N} e(h\omega'(n+k))| \leqslant (2\pi|h| + 1)\frac{mQ}{N}\epsilon + \frac{m+1}{N} < 3(\pi|h| + 1)\epsilon,$$

was nach Hilfssatz 1 bereits für die gleichmäßige Gleichverteilung von $\omega'(n)$ ausreicht.   ////

3. Der Raum aller gleichmäßig gleichverteilten Folgen

X bezeichne wie immer einen separablen kompakten Raum mit einem regulären Borelmaß χ, das $\chi(X) = 1$ erfüllt. Eine typische Eigenschaft gleichmäßig gleichverteilter Folgen kann man sogar bei diesen abstrakten Voraussetzungen zeigen:

Man kann zu jeder auf X stetigen Funktion $f(x) \geqslant 0$ mit

$$\int_X f(x)\mathrm{d}\chi(x) > 0,$$

zu jeder positiven Zahl

$$c < \int_X f(x)\mathrm{d}\chi(x)$$

und zu jeder auf X gleichmäßig gleichverteilten Folge $\omega(n)$ eine natürliche Zahl N finden, sodaß unter N aufeinanderfolgenden Gliedern der Folge mindestens eines $f(\omega(n)) > c$ erfüllt.

Legen wir nämlich N durch die Formel

$$\left| \frac{1}{N} \sum_{n=1}^{N} f(\omega(k+n)) - \int_X f(x)\mathrm{d}\chi(x) \right| < \int_X f(x)\mathrm{d}\chi(x) - c$$

für alle ganzen Zahlen $k \geqslant 0$ fest, erreichen wir

$$\frac{1}{N} \sum_{n=1}^{N} f(\omega(k+n)) > c,$$

woraus die Behauptung unmittelbar folgt.   ////

Wenn wir nun von der Voraussetzung ausgehen, χ sei auf mehr als nur einen Punkt konzentriert, können wir zwei verschiedene Elemente a, b aus dem Träger von χ angeben. Da der Raum X als kompakter Raum auch normal ist, können wir nach Urysohn[4] eine stetige Funktion $f(x)$ mit $0 \leqslant f(x) \leqslant 1$, $f(a) = 0$ und $f(b) = 1$ konstruieren. Nun besitzen die offenen Mengen aller x mit $f(x) > 1/2$ bzw. $f(x) < 1/2$ einen nichtleeren Durchschnitt mit dem Träger von χ: Daher ergibt sich unmittelbar

$$0 < \int_X f(x)\mathrm{d}\chi(x) < 1.$$

Diejenigen y aus X mit

$$f(y) > \frac{1}{2} \int_X f(x)\mathrm{d}\chi(x)$$

sammeln wir in M. Eine analoge Überlegung wie gerade zuvor beweist

$0 < \chi(M) < 1$. Den Raum aller L–Tupel x_l aus X nennen wir X^L, das darauf definierte Produktmaß χ^L. Setzen wir M_L als Familie aller x_l fest, für die mindestens eine Komponente in M liegt, gilt sicher $\chi^L(M_L) = = 1 - (1 - \chi(M))^L$, insbesondere $0 < \chi^L(M_L) < 1$.

Wie üblich, bezeichnen wir mit Ω den Raum aller Folgen in X, und χ^∞ sei das auf Ω festgelegte unendliche Produktmaß. Fassen wir in $W_{P,L}$ alle Folgen $\omega(n)$ zusammen, für die jedes der $P+1$ L–Tupel $\omega(pL+l)$ in M_L liegt, $p = 0, 1, ..., P$, ergibt sich

$$\chi^\infty(W_{P,L}) = \chi^{l \cdot}(M_L)^{P+1}.$$

Wegen $\lim_{P \to \infty} \chi^\infty(W_{P,L}) = 0$ liegen fast alle $\omega(n)$ im Sinne von χ^∞ außerhalb des Durchschnittes aller $W_{P,L}$, $P = 1, 2, ...$. Dies bleibt auch dann noch richtig, wenn wir diese Durchschnitte über $L = 1, 2, ...$ vereinigen.

Veranschaulicht bedeutet dies: Für fast alle $\omega(n)$ existiert zu jeder natürlichen Zahl L eine natürliche Zahl P, sodaß alle L aufeinanderfolgenden Folgeglieder $\omega(PL+1), ..., \omega(PL+L)$ nicht in M liegen, d.h.

$$f(\omega(PL+l)) \leq \frac{1}{2} \int_X f(x) d\chi(x)$$

erfüllen. Damit kommen wir zu einem Satz von G. Helmberg, A. Paalman–de Miranda[45] und H. Niederreiter[46]:

Ist χ auf mehr als einen Punkt konzentriert, sind (im Sinne von χ^∞) fast alle Folgen nicht gleichmäßig gleichverteilt.

Sofort entsteht die Frage: Unter welchen Bedingungen kann man überhaupt die Existenz *einer* gleichmäßig gleichverteilten Folge gewährleisten? Bei metrisierbaren kompakten Räumen gaben P.C. Baayen und Z. Hedrlin[47] eine Konstruktion gleichmäßig gleichverteilter Folgen an. Für separable dyadische Räume bewies Losert[48] die Existenz von gleichmäßig gleichverteilten Folgen zu jedem Wahrscheinlichkeitsmaß. Er zeigte jedoch unter Verwendung der Kontinuumshypothese[4], daß es kompakte Räume mit einem Wahrscheinlichkeitsmaß gibt, in denen gleichverteilte, aber keine gleichmäßig gleichverteilten Folgen existieren.

Aus dem Vorhandensein gleichmäßig gleichverteilter Folgen in dyadischen Räumen folgt unter Zuhilfenahme der Kontinuumshypothese die Existenz gleichmäßig gleichverteilter Folgen in separablen kompakten Gruppen. Rindler[49] zeigte als erster, daß in jeder separablen kompakten Gruppe eine gleichmäßig gleichverteilte Folge liegt. Gemeinsam mit Losert[50] deckte er einen noch fundamentaleren Sachverhalt auf.

Um dies darzulegen, gehen wir von einer kompakten Gruppe G aus, in der die Folge $g(n)$ eine dichte Untergruppe erzeuge. $g(-n)$ bedeute $g(n)^{-1}$, und $g(0)$ bezeichne das Einselement der Gruppe. Nach Veech[18] nennen wir eine Folge ganzer Zahlen r_n einen *Erzeuger gleichverteilter Folgen*, wenn die durch

$$\omega(n) = g(r_1)g(r_2) \cdot \ldots \cdot g(r_n)$$

gegebene Folge gleichverteilt ist. Bei einem gleichmäßig gleichverteilten $\omega(n)$ nennen wir r_n einen *Erzeuger gleichmäßig gleichverteilter Folgen*. Veech selbst zeigte, daß es einen Erzeuger gleichverteilter Folgen für jede separable kompakte Gruppe gibt. Zusätzlich bewies er, daß der Erzeuger unabhängig von der Gruppe konstruiert werden kann und sich z.b. aus der Anzahl der Lücken der Ziffer 1 in einer normalen Zahl ergibt. (Insbesondere besteht der Erzeuger von Veech nur aus positiven Elementen.) Der Satz von Losert und Rindler reicht in folgender Hinsicht über Veechs Erkenntnis hinaus: Es existiert eine von vornherein gegebene Folge ganzer Zahlen mit der universellen Eigenschaft, für jede separable kompakte Gruppe einen Erzeuger *gleichmäßig* gleichverteilter Folgen zu bilden. Allerdings ist nicht bekannt, ob auch hier der Erzeuger nur aus positiven Gliedern besteht.

Zum Abschluß sei kurz erwähnt, daß diese Behauptung nicht allein für kompakte Gruppen, sondern sogar für beliebige separable topologische Halbgruppen gilt, in denen man die Gleichverteilung mit Hilfe stetiger Darstellungen durch Kontraktionen auf einen Hilbertraum einführt. Hieraus eröffnet sich ein Zusammenhang der abstrakten Gleichverteilung mit nichtkommutativen Versionen des von Neumannschen Ergodensatzes. Betrachtet man aber statt Hilberträume Banachräume, wird eine Brücke zur Theorie der invarianten Mittel geschlagen.

3. Teil
ANWENDUNGEN

VII Diskrepanz

Die meisten Anwendungen gleichverteilter Folgen beruhen auf der Möglichkeit der numerischen Integration. Quadraturformeln mit Fehlerabschätzungen können mit Hilfe der sogenannten Diskrepanz erstellt werden. In ihr erfährt die qualitative Theorie der Gleichverteilung die angemessene quantitative Verschärfung. Aber selbst bei einfachen Folgen ist die Berechnung der Diskrepanz kein leichtes Unterfangen. An einigen Beispielen führen wir derartige Berechnungen vor.

1. Definition und einfache Eigenschaften

Das vorliegende Kapitel bereitet auf das Kapitel VIII vor, wo wir Diskrepanzen bei numerischen Integrationen zur Fehlerabschätzung brauchen. Hier werden wir nur die Diskrepanz definieren, ihre Größenordnung bei speziellen Beispielen und mit Hilfe der Ungleichung von Erdös und Turán für allgemeine Folgen bestimmen.

Zur Definition der Diskrepanz gehen wir von der Bemerkung aus, daß der Grenzübergang

$$\lim_{N \to \infty} \frac{1}{N} \sum_{n=1}^{N} c_J(\omega(n)) = \int_0^1 c_J(x)\mathrm{d}x$$

bei modulo 1 gleichverteiltem $\omega(n)$ in den Teilintervallen $J \subset [0,1[$ gleichmäßig erfolgt[3]; mit anderen Worten:

Bezeichnet $\omega(n)$ eine modulo 1 gleichverteilte Folge, existiert zu jedem $\epsilon > 0$ eine natürliche Zahl N_0, sodaß für alle $N \geq N_0$ und alle in $[0,1[$ enthaltenen Intervalle J die Differenz

$$\left| \frac{1}{N} \sum_{n=1}^{N} c_J(\omega(n)) - \int_0^1 c_J(x)\mathrm{d}x \right| < \epsilon$$

beliebig klein wird.

Wegen

$$(1) \quad |\frac{1}{N} \sum_{n=1}^{N} c_{[\alpha,\beta[}(\omega(n)) - (\beta - \alpha)| \leqslant |\frac{1}{N} \sum_{n=1}^{N} c_{[0,\beta[}(\omega(n)) - \beta| +$$

$$+ |\frac{1}{N} \sum_{n=1}^{N} c_{[0,\alpha[}(\omega(n)) - \alpha|$$

können wir uns im Nachweis allein auf die Intervalle $J = [0,\alpha[$, $\alpha \leqslant 1$, beschränken. Wählen wir die natürliche Zahl $R > 6/\epsilon$, können wir zu den endlich vielen ganzen Zahlen r mit $0 \leqslant r < R$ eine natürliche Zahl N_R mit

$$|\frac{1}{N} \sum_{n=1}^{N} c_{[0,r/R[}(\omega(n)) - \frac{r}{R}| < \frac{\epsilon}{6}$$

für alle $0 \leqslant r < R$ und alle $N \geqslant N_R$ angeben. Greifen wir unter den r jenes $r(\alpha)$ mit $r(\alpha) \leqslant \alpha R < r(\alpha)+1$ heraus, gewinnen wir für alle $N \geqslant N_R$:

$$|\frac{1}{N} \sum_{n=1}^{N} c_{[0,\alpha[}(\omega(n)) - \alpha| \leqslant$$

$$\leqslant |\frac{1}{N} \sum_{n=1}^{N} c_{[0,\alpha[}(\omega(n)) - \frac{1}{N} \sum_{n=1}^{N} c_{[0,r(\alpha)/R[}(\omega(n))| +$$

$$+ |\frac{1}{N} \sum_{n=1}^{N} c_{[0,r(\alpha)/R[}(\omega(n)) - \frac{r(\alpha)}{R}| + |\frac{r(\alpha)}{R} - \alpha| <$$

$$< |\frac{1}{N} \sum_{n=1}^{N} c_{[r(\alpha)/R,\alpha[}(\omega(n))| + \frac{\epsilon}{6} + \frac{1}{R} \leqslant$$

$$\leqslant |\frac{1}{N} \sum_{n=1}^{N} c_{[r(\alpha)/R,(r(\alpha)+1)/R[}(\omega(n))| + \frac{\epsilon}{3} \leqslant$$

$$\leqslant |\frac{1}{N} \sum_{n=1}^{N} c_{[0,r(\alpha)/R[}(\omega(n)) - \frac{r(\alpha)}{R}| + |\frac{r(\alpha)}{R} - \frac{r(\alpha)+1}{R}| +$$

$$+ |\frac{r(\alpha)+1}{R} - \frac{1}{N} \sum_{n=1}^{N} c_{[0,(r(\alpha)+1)/R[}(\omega(n))| + \frac{\epsilon}{3} \leqslant \frac{\epsilon}{6} + \frac{1}{R} + \frac{\epsilon}{6} + \frac{\epsilon}{3} \leqslant \epsilon.$$

R und auch N_R wurden unabhängig von α gewählt.   ////

Nach V. Bergström[51] und van der Corput[52] definieren wir für jede Folge reeller Zahlen $\omega(n)$ die *Diskrepanz* bis zum N-ten Glied durch die Formel

$$D_N(\omega) = \sup_{J \subset [0,1[} |\frac{1}{N} \sum_{n=1}^{N} c_J(\omega(n)) - \int_0^1 c_J(x)dx|.$$

Das Supremum erstreckt sich dabei auf alle Teilintervalle von $[0,1[$. Der oben gezeigte Satz kann demnach folgendermaßen formuliert werden:

$\omega(n)$ stellt dann und nur dann eine modulo 1 gleichverteilte Folge dar, wenn ihre Diskrepanz nach Null strebt,

$$\lim_{N \to \infty} D_N(\omega) = 0 .$$

Allzu schnell kann die Konvergenz jedoch nicht verlaufen; die Diskrepanz jeder Folge genügt den Ungleichungen

$$\frac{1}{N} \leqslant D_N(\omega) \leqslant 1 .$$

Die rechte Ungleichung bedarf keines Beweises, und auch die linke Ungleichung ergibt sich offensichtlich aus

$$D_N(\omega) \geqslant |\frac{1}{N} \sum_{n=1}^{N} c_J(\omega(n)) - \int_0^1 c_J(x)dx| ,$$

sofern wir ein auf den Punkt $\omega(1) - [\omega(1)]$ immer mehr zusammenschrumpfendes Intervall J wählen.

Je schneller die Diskrepanz einer Folge nach Null strebt, desto besser gleichverteilt nennen wir die Folge. Die besten gleichverteilten Folgen wären nach van der Corput[52] die *gerechten* Folgen, deren Diskrepanzen in der Größenordnung $1/N$ nach Null strebten,

$$D_N(\omega) \leqslant \frac{C}{N} \qquad \text{mit einer Konstanten } C = C(\omega).$$

Wie T. van Aardenne–Ehrenfest[53] zeigte, gibt es überhaupt keine gerechten Folgen; alle Folgen genügen vielmehr einer Abschätzung der Form

$$D_N(\omega) \geqslant \frac{C \cdot \log\log\log N}{N} ,$$

wobei diese Ungleichung nicht für alle, wohl aber für unendlich viele N zutrifft. Nach K.F. Roth[54] kann man bei jeder Folge $\omega(n)$ für unendlich viele N sogar

$$D_N(\omega) \geqslant \frac{\sqrt{\log N}}{16N}$$

erreichen. Diese Abschätzung wurde schließlich von W.M. Schmidt[55] in der

Formel

$$D_N(\omega) \;\geqslant\; \frac{1}{66\log 4}\;\frac{\log N}{N}$$

überboten, die bei jeder beliebigen Folge $\omega(n)$ von unendlich vielen natürlichen Zahlen N erfüllt wird. Auf die ziemlich aufwendigen Beweise dieser Resultate gehen wir nicht näher ein.

Wir erwähnen noch andere Möglichkeiten, verwandte Diskrepanzbegriffe einzuführen. Definieren wir zu einer Folge $\omega(n)$ für alle $x \in \,]0,1]$

$$(2) \qquad \Delta_N(x;\omega) \;=\; \frac{1}{N}\sum_{n=1}^{N} c_{[0,x[}(\omega(n)) \;-\; x\,,$$

und setzen wir diese Funktion mit Periode 1 auf $\mathbf{R}$ fort, folgern wir aus (1) für

$$D_N^*(\omega) \;=\; \sup_{0 \leqslant x \leqslant 1}\, |\Delta_N(x;\omega)|$$

die Ungleichungen

$$D_N^*(\omega) \;\leqslant\; D_N(\omega) \;\leqslant\; 2D_N^*(\omega)\,.$$

Insbesondere konvergiert auch die *–Diskrepanz $D_N^*(\omega)$ genau bei modulo 1 gleichverteilten $\omega(n)$ nach Null. $D_N^*(\omega)$ können wir als Supremumsnorm von $\Delta_N(x;\omega)$ deuten, und auch die übrigen L^p–Normen lassen Diskrepanzbegriffe zu:

$$D_N^{(p)}(\omega) \;=\; (\int_0^1 |\Delta_N(x;\omega)|^p\,dx)^{1/p}$$

heißen für $1 \leqslant p < \infty$ die L^p–Diskrepanzen[56]. Schließlich besteht die Möglichkeit, statt charakteristischer Funktionen andere Funktionenklassen zur Definition von Diskrepanzen heranzuziehen. Für die Polynome x^k kann man zum Beispiel *Polynomdiskrepanzen*

$$D_N(\omega;\mathrm{P}) \;=\; \sup_{k=1,2,\dots}\, |\frac{1}{N}\sum_{n=1}^{N} (\omega(n)-[\omega(n)])^k \;-\; \frac{1}{k+1}|$$

definieren. Auch hier können wir nicht näher auf Einzelheiten eingehen und beschränken uns auf diese spärlichen Bemerkungen[57].

2. Diskrepanzen spezieller Folgen

In seinem Bemühen, gerechte Folgen zu finden, stieß van der Corput[52] auf die folgende, nur aus rationalen Punkten bestehende Folge:

$$\frac{1}{2}, \ \frac{1}{4}, \ \frac{1}{4} + \frac{1}{2}, \ \frac{1}{8}, \ \frac{1}{8} + \frac{1}{2}, \ \frac{1}{8} + \frac{1}{4}, \ \frac{1}{8} + \frac{1}{4} + \frac{1}{2}, \ \dots$$

(als nächstes folgen 8 entsprechende Ausdrücke mit 1/16 u.s.w.). Entwickelt man n binär

$$n = a_l 2^l + a_{l-1} 2^{l-1} + \dots + a_1 2 + a_0 \ ,$$

besitzt das n–te Folgeglied der Folge von van der Corput im Binärsystem die Darstellung

$$\omega(n) = 0{,}a_0 a_1 \dots a_{l-1} a_l \ .$$

Es liegt offensichtlich genau dann in einem Intervall der Form $[k/2^r,(k+1)/2^r[$, wenn $k = 0{,}a_0 a_1 \dots a_{r-1} \cdot 2^r = a_0 2^{r-1} + a_1 2^{r-2} + \dots + a_{r-1}$ gilt, d.h. genau dann, wenn n in einer bestimmten Restklasse modulo 2^r liegt. Da n zwischen 1 und N mindestens $[N/2^r]$–mal und höchstens $([N/2^r]+1)$–mal jede Restklasse durchläuft, gilt

$$\left| \frac{1}{N} \sum_{n=1}^{N} c_{[k/2^r,(k+1)/2^r[}(\omega(n)) - \frac{1}{2^r} \right| \leqslant \frac{1}{N} \ .$$

Nun betrachten wir alle Intervalle der Form $[k/2^R,l/2^R[$ mit ganzen Zahlen $k, l, \ 0 \leqslant k < l \leqslant 2^R$. Diese Intervalle kann man der Reihe nach aus Intervallen der Form $[j/2^r,(j+1)/2^r[$ zusammensetzen, wobei $r = 0, 1, \dots, R$ ist: Bei jedem r sammeln wir nämlich alle jene $[j/2^r,(j+1)/2^r[$, die in $[k/2^R,l/2^R[$ ganz enthalten sind, von den bereits vorher durchgemusterten $[j'/2^{r'},(j'+1)/2^{r'}[$ mit $r' < r$ jedoch nicht erfaßt wurden. So füllen wir in R Schritten $[k/2^R,l/2^R[$ der Reihe nach an den Rändern immer besser aus, wobei jeder Schritt höchstens zwei zusätzliche Intervalle braucht. Für jedes $J =$ $= \ [k/2^R,l/2^R[$ benötigen wir maximal $2R$ Intervalle der Form $[j/2^r,(j+1)/2^r[$ zur Ausfüllung, daher gilt:

$$\left| \frac{1}{N} \sum_{n=1}^{N} c_J(\omega(n)) - \int_0^1 c_J(x)dx \right| \leqslant \frac{1}{N} 2R \ .$$

Da man zu jedem beliebigen Teilintervall $J \subset [0,1[$ stets zwei Intervalle $\underline{J}$ und $\overline{J}$ der Form $[k/2^R,l/2^R[$ mit $\underline{J} \subset J \subset \overline{J}$ und

$$\int\limits_0^1 (c_{\overline{J}}(x) - c_{\underline{J}}(x))\mathrm{d}x \;\leqslant\; \frac{2}{2^R} \;=\; 2^{1-R}$$

finden kann, ergibt sich

$$|\frac{1}{N} \sum_{n=1}^N c_J(\omega(n)) - \int\limits_0^1 c_J(x)\mathrm{d}x| \;\leqslant\; |\frac{1}{N} \sum_{n=1}^N c_J(\omega(n)) - \frac{1}{N} \sum_{n=1}^N c_{\overline{J}}(\omega(n))| +$$

$$+ \; |\frac{1}{N} \sum_{n=1}^N c_{\overline{J}}(\omega(n)) - \int\limits_0^1 c_{\overline{J}}(x)\mathrm{d}x| + |\int\limits_0^1 c_{\overline{J}}(x)\mathrm{d}x - \int\limits_0^1 c_J(x)\mathrm{d}x| \;\leqslant$$

$$\leqslant \; |\frac{1}{N} \sum_{n=1}^N c_{\overline{J}-\underline{J}}(\omega(n)) - \int\limits_0^1 c_{\overline{J}-\underline{J}}(x)\mathrm{d}x| + |\int\limits_0^1 c_{\overline{J}-\underline{J}}(x)\mathrm{d}x| + \frac{2R}{N} + 2^{1-R}$$

$$\leqslant \; \frac{4R}{N} + 2^{1-R} + \frac{2R}{N} + 2^{1-R} \;=\; 2(\frac{3R}{N} + 2^{1-R}).$$

Wir wählen nun R so, daß $3R/N + 2^{1-R}$ möglichst klein wird. Nach einer einfachen Extremwertbestimmung erhält man für R eine Zahl der Größenordnung $\log N$, d.h.:

Die Diskrepanz der Folge von van der Corput kann durch

$$\mathrm{D}_N(\omega) \;\leqslant\; C \cdot \frac{\log N}{N}$$

abgeschätzt werden, wobei C eine positive Konstante bedeutet.

Ähnlich schnell gegen Null strebende Diskrepanzen erhalten wir bei den Folgen αn für bestimmte irrationale α. Zur Bestimmung der Diskrepanz von αn gehen wir von der Kettenbruchentwicklung[58]

$$\alpha \;=\; [a_0; a_1, a_2, \ldots]$$

der irrationalen Zahl α aus. Für die Nenner q_i der Näherungsbrüche gilt bekanntlich

$$q_0 = 1, \quad q_1 = a_1, \quad q_n = a_n q_{n-1} + q_{n-2}.$$

Insbesondere bilden die q_i eine streng monoton wachsende Folge. Legen wir bei beliebig vorgegebener natürlicher Zahl N den Index t durch $q_t < N \leqslant$ $\leqslant q_{t+1}$ fest und setzen wir

$$c_t \;=\; [\frac{N}{q_t}],$$

bekommen wir

$$N = c_t q_t + N' \qquad \text{mit } 0 \leqslant N' < q_t.$$

Nun sei

$$c_{t-1} = [\frac{N'}{q_{t-1}}],$$

d.h.

$$N' = c_{t-1} q_{t-1} + N'' \qquad \text{mit } 0 \leqslant N'' < q_{t-1}.$$

Die Fortsetzung dieses Verfahrens ist klar. Wir gelangen schließlich zu

$$(1) \quad N = c_t q_t + c_{t-1} q_{t-1} + \ldots + c_1 q_1 + c_0 \quad \text{mit } 1 \leqslant c_t \leqslant \frac{N}{q_t}, \, 0 \leqslant c_i \leqslant \frac{q_i}{q_{i-1}}.$$

$J \subset [0,1[$ bezeichne irgendein Intervall. Die Anzahl jener $n\alpha - [n\alpha]$ in J, bei denen n die Zahlen $n = n_0 + r$, $r = 1, 2, \ldots, q_i$, durchläuft, nennen wir $Z(n_0, q_i, J)$. Zu jedem q_i können wir einen Zähler p_i mit

$$\alpha - \frac{p_i}{q_i} = \frac{\epsilon_i}{q_i^2} \qquad \text{und } |\epsilon_i| < 1$$

finden. Daraus folgern wir

$$n\alpha = n_0\alpha + r\frac{p_i}{q_i} + r\frac{\epsilon_i}{q_i^2}, \qquad r = 1, 2, \ldots, q_i.$$

Wann liegen diese Zahlen modulo 1 in J? Wäre $n_0 = 0$ und $\epsilon_i = 0$, bestünde die obige Zahlenmenge nur aus den

$$r\frac{p_i}{q_i}, \qquad r = 1, 2, \ldots, q_i,$$

was wegen $\text{ggT}(p_i, q_i) = 1$ modulo 1 zu den Zahlen

$$\frac{1}{q_i}, \frac{2}{q_i}, \ldots, \frac{q_i}{q_i}$$

führte, woraus sich

$$|Z(0, q_i, J) - q_i \int_0^1 c_J(x) dx| \leqslant 2$$

ergäbe. Bei $n_0 \neq 0$ und $\epsilon_i = 0$ ändert sich kaum etwas, weil in diesem Fall die Folge modulo 1 nur um den Wert $n_0\alpha$ verschoben wird. Aber auch bei $\epsilon_i \neq 0$ tritt keine dramatische Änderung ein, denn wegen $|\epsilon_i| < 1$ bleibt

$$\left|\frac{r\epsilon_i}{q_i^2}\right| < \frac{1}{q_i},$$

d.h. durch den Übergang von

$$\frac{rp_i}{q_i} \qquad \text{zu} \qquad \frac{rp_i}{q_i} + \frac{r\epsilon_i}{q_i^2}$$

beginnen die Folgeglieder modulo 1 etwas um die Punkte $1/q_i, ..., q_i/q_i$ zu schwanken; der Ausschlag beträgt jedoch maximal $1/q_i$. Folglich gilt im allgemeinen Fall:

$$|Z(n_0,q_i,J) - q_i \int_0^1 c_J(x)dx| \leqslant 4 .$$

Wegen (1) können die Zahlen $1, 2, ..., N$ auf c_t Blöcke von je q_t aufeinanderfolgenden Zahlen, auf c_{t-1} Blöcke von je q_{t-1} aufeinanderfolgenden Zahlen u.s.w. eingeteilt werden, bis schließlich c_0 einzelne Zahlen übrigbleiben. Aus diesem Grunde kann man

$$|\sum_{n=1}^{N} c_J(n\alpha) - N\int_0^1 c_J(x)dx|$$

als Summe von c_t Ausdrücken der Form

$$|Z(n,q_t,J) - q_t \int_0^1 c_J(x)dx| ,$$

von c_{t-1} Ausdrücken der Form

$$|Z(n,q_{t-1},J) - q_{t-1} \int_0^1 c_J(x)dx|$$

u.s.w. nach oben abschätzen, woraus

$$|\sum_{n=1}^{N} c_J(n\alpha) - N\int_0^1 c_J(x)dx| \leqslant 4(c_t + c_{t-1} + ... + c_1 + c_0)$$

folgt. Da wir von (1) die größtmöglichen Werte der c_i kennen, erhalten wir nach Division durch N eine *allgemeine Abschätzung der Diskrepanz von* $n\alpha$:

$$D_N(n\alpha) \leqslant \frac{4}{N}\left(\frac{q_1}{q_0} + \frac{q_2}{q_1} + ... + \frac{q_t}{q_{t-1}} + \frac{N}{q_t}\right) .$$

Da für Kettenbrüche bekanntlich

$$\frac{q_{i+1}}{q_i} = \frac{a_{i+1}q_i + q_{i-1}}{q_i} = a_{i+1} + \frac{q_{i-1}}{q_i} \leqslant a_{i+1} + 1$$

gilt, können wir die rechte Seite der Diskrepanzabschätzung durch die Annahme beschränkter Teilnenner $a_i \leqslant K$ am stärksten gegen Null drücken. Wir erhalten dann nämlich $D_N(n\alpha) \leqslant (4/N)(K+1)(t+1)$, wobei t durch $q_t < N \leqslant q_{t+1}$ festgelegt ist. Wegen $q_n = a_n q_{n-1} + q_{n-2} \geqslant 2q_{n-2}$ schließen wir auf

$$q_n \geqslant 2q_{n-2} \geqslant 2^2 q_{n-4} \geqslant ... \geqslant 2^{[n/2]}, \qquad N \geqslant q_t \geqslant 2^{[t/2]},$$

d.h. t ist höchstens von der Größenordnung $\log N$.

Sind die Teilnenner a_i der Kettenbruchentwicklung von α beschränkt, entspricht die Diskrepanz von $n\alpha$

$$D_N(n\alpha) \leqslant C \cdot \frac{\log N}{N},$$

wobei C eine von α abhängige Konstante bedeutet.

Da die irrationalen Lösungen quadratischer Gleichungen mit ganzzahligen Koeffizienten nach einem Satz von J. Lagrange[58] periodische Kettenbruchentwicklungen besitzen, sind sie daher im besonderen der obigen Abschätzung unterworfen. Die kleinste Konstante C wird man nach den vorigen Überlegungen für jene Zahl mit kleinstmöglichen Teilnennern a_i erwarten. Dies ist die Zahl des goldenen Schnittes

$$\alpha = \frac{1 + \sqrt{5}}{2} = [1;1,1,1,1,...].$$

Arbeiten von H. Kesten[59], J. Lesca[60] und V. Turán–Sós beschäftigten sich mit genauen Abschätzungen der Diskrepanz von $n\alpha$ und bestätigten, daß die Zahl des goldenen Schnittes tatsächlich die kleinsten Werte liefert.

3. Die Ungleichung von Erdös und Turán

In diesem Paragraphen fragen wir nach einer oberen Schranke für die Diskrepanzen *beliebiger* Folgen, d.h. wir suchen eine relativ einfache Größe $\Phi(\omega)$, die bei allen Folgen $\omega(n)$ der Ungleichung $D_N(\omega) \leqslant \Phi(\omega)$ entspricht. Was meinen wir mit einfach? Hier erinnern wir an den grundlegenden Gedanken Weyls, die Definition der Gleichverteilung von den charakteristischen Funktionen weg und zu den *Weylschen Summen* trigonometrischer Funktionen

$$\frac{1}{N} \sum_{n=1}^{N} e(h\omega(n))$$

hin zu führen. Genauso wollen wir jetzt vorgehen: weg von der durch charakteristische Funktionen definierten Diskrepanz, hin zu Ausdrücken $\Phi(\omega)$, in denen nur Weylsche Summen auftreten.

Einen ersten Anhaltspunkt finden wir in der Formel

$$\frac{1}{2} D_N(\omega) \leqslant \sup_{0 \leqslant x \leqslant 1} |\Delta_N(x;\omega)| \leqslant D_N(\omega).$$

Die Funktion $\Delta_N(x) = \Delta_N(x;\omega)$ besteht nach Definition (1.2) aus lauter im Winkel $\pi/4$ nach unten geneigten Streckenstücken, die durch die Unstetigkeitsstellen $\omega(n)$, $n = 1, 2, ..., N$, voneinander getrennt sind. Die oberen Anfangspunkte der Strecken gehören nicht zur Funktionskurve, wohl aber die unteren Endpunkte. An einem dieser Anfangs- oder Endpunkte liegt das Supremum von $|\Delta_N(x;\omega)|$. Betrachten wir jeden der beiden Fälle für sich:

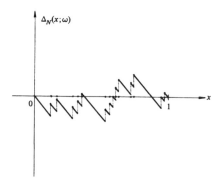

Abb. 5

Beginnen wir mit der Annahme, das Supremum von $|\Delta_N(x)|$, das zugleich Supremum von $\Delta_N(x)$ wäre, befände sich an einem Anfangspunkt einer Strecke, d.h. für den entsprechenden Argumentwert p erhielten wir

$$\sup_{0 \leqslant x \leqslant 1} |\Delta_N(x)| = \lim_{x \to p+0} \Delta_N(x) = \Delta_N(p+0).$$

Auch in einer kleinen Umgebung rechts von p besäße $\Delta_N(x)$ noch seine größten Werte. Setzen wir daher

$$a = p + \frac{1}{4}D_N(\omega)$$

als Umgebungsmittelpunkt und

$$b = \frac{1}{4}D_N(\omega)$$

als Umgebungsradius fest, ergäbe sich für alle x mit $|x| < b$: $x + a > p$ und

$$\Delta_N(x+a) =$$

$$= \Delta_N(p+0) + \Delta_N(x+a) - \Delta_N(p+0) = \Delta_N(p+0) + \frac{1}{N}\sum_{n=1}^{N} c_{[p,x+a[}(\omega(n)) -$$

$$- (x+a-p) \geqslant \frac{1}{2}D_N(\omega) - (x+a-p) = \frac{1}{2}D_N(\omega) - (a-p) - x =$$

$$= \frac{1}{4}D_N(\omega) - x .$$

Mit $f(x)$ bezeichnen wir eine nichtnegative Funktion, die wir erst später festlegen. Von $f(x)$ erwarten wir, daß sie bei der Integration über $[0,1[$ nur den Rand des Intervalles, d.h. die Bereiche $0 < x < b$, $1-b < x < 1$, hervorhebt, den übrigen Teil von $[0,1[$ hingegen vernachlässigt. Dadurch erhält $\Delta_N(x+a) \cdot f(x)$ gerade in der Umgebung von a sein besonderes Gewicht, und die Integration ergibt

$$\left| \int_{-b}^{1-b} \Delta_N(x+a)f(x)dx \right| \geqslant$$

$$\geqslant \int_{-b}^{b} \Delta_N(x+a)f(x)dx - \left| \int_{b}^{1-b} \Delta_N(x+a)f(x)dx \right| \geqslant$$

$$\geqslant \int_{-b}^{b} (\frac{1}{4}D_N(\omega) - x)f(x)dx - D_N(\omega)\int_{b}^{1-b} f(x)dx .$$

Hiebei erwähnen wir gleich als erste Forderung: $f(x)$ *sei periodisch mit Periode* 1.

Im anderen Fall, das Supremum von $|\Delta_N(x)|$ befände sich an einem Streckenende, gehen wir analog vor: Nennen wir das entsprechende Argument wieder p, wäre in diesem Fall $\Delta_N(p)$ ein Minimum, d.h.

$$\sup_{0 \leqslant x \leqslant 1} |\Delta_N(x)| = -\Delta_N(p) .$$

Auch in einer kleinen Umgebung links von p besäße $\Delta_N(x)$ seine dem Betrag nach größten Werte. Wir setzen nun

$$a = p - \frac{1}{4}D_N(\omega)$$

als Umgebungsmittelpunkt fest und belassen b wie oben. Alle x mit $|x| < b$ erfüllten $x + a < p$ und

$$\Delta_N(x+a) =$$

$$= \Delta_N(p) + \Delta_N(x+a) - \Delta_N(p) = \Delta_N(p) - \frac{1}{N}\sum_{n=1}^{N} c_{[x+a,p[}(\omega(n)) -$$

$$- (p-x-a) \leqslant - \frac{1}{2}D_N(\omega) + (p-x-a) = - \frac{1}{2}D_N(\omega) + (p-a) - x =$$

$$= - \frac{1}{4}D_N(\omega) - x .$$

Wie vorher bekommen wir

$$| \int_{-b}^{1-b} \Delta_N(x+a)f(x)dx | \geqslant$$

$$\geqslant \int_{-b}^{b} - \Delta_N(x+a)f(x)dx - | \int_{b}^{1-b} \Delta_N(x+a)f(x)dx | \geqslant$$

$$\geqslant \int_{-b}^{b} (\frac{1}{4}D_N(\omega) + x)f(x)dx - D_N(\omega) \int_{b}^{1-b} f(x)dx .$$

Setzen wir zusätzlich voraus, $f(x)$ *sei eine gerade Funktion*, können wir auf

$$\int_{-b}^{b} xf(x)dx = 0$$

schließen und erhalten in beiden Fällen die Formel

$$| \int_{-b}^{1-b} \Delta_N(x+a)f(x)dx | \geqslant$$

$$\geqslant \frac{1}{4}D_N(\omega) \int_{-b}^{b} f(x)dx - D_N(\omega) \int_{b}^{1-b} f(x)dx \geqslant$$

$$\geqslant \frac{1}{4}D_N(\omega) \int_{-1/2}^{1/2} f(x)dx - \frac{2}{4} \int_{b}^{1/2} f(x)dx \cdot D_N(\omega) - 2D_N(\omega) \int_{b}^{1/2} f(x)dx =$$

$$= \frac{1}{4}D_N(\omega)\tilde{f}(0) - \frac{5}{2}D_N(\omega) \int_{b}^{1/2} f(x)dx .$$

$\tilde{f}(0)$ steht dabei für den nullten Fourierkoeffizienten von $f(x)$, der ja bei geraden positiven Funktionen ebenfalls positiv ist. Das zweite Glied der rechten Seite wollen wir dem Betrage nach möglichst klein wählen, damit der erste Summand durch die Subtraktion nicht beseitigt oder gar der gesamte Ausdruck negativ wird. Dabei erinnern wir uns an $b = D_N(\omega)/4$: *Könnte man für* $0 < x \leqslant 1/2$ $f(x) \leqslant 1/4x^2$ *erwarten*, ergäbe dies

$$\frac{1}{4}D_N(\omega)\tilde{f}(0) - \frac{5}{2}D_N(\omega)\int_b^{1/2} f(x)dx \geqslant \frac{1}{4}D_N(\omega)\tilde{f}(0) -$$

$$- \frac{5}{2}D_N(\omega)\int_{D_N(\omega)/4}^{1/2} \frac{dx}{4x^2} = \frac{1}{4}D_N(\omega)\tilde{f}(0) - \frac{5}{2}D_N(\omega)(\frac{1}{D_N(\omega)} - \frac{1}{2})$$

$$\geqslant \frac{1}{4}D_N(\omega)\tilde{f}(0) - \frac{5}{2}.$$

Daraus gewinnen wir

$$(1) \qquad D_N(\omega) \leqslant \frac{10}{\tilde{f}(0)} + \frac{4}{\tilde{f}(0)} | \int_{-b}^{1-b} \Delta_N(x+a)f(x)dx | .$$

Damit auf der rechten Seite von (1) Weylsche Summen stehen, setzen wir zusätzlich voraus: $f(x)$ *besitze eine einfache und endliche Fourierentwicklung*, und $\tilde{f}(0)$ *könne beliebig groß gewählt werden*, damit der erste Summand der rechten Seite nicht störend wirkt.

Man erkennt schon nach wenigen Versuchen, daß die Funktion

$$f(x) = (\frac{\sin(H+1)\pi x}{\sin \pi x})^2$$

bei beliebiger natürlicher Zahl H allen genannten Anforderungen entspricht. Offensichtlich ist sie eine gerade nichtnegative Funktion mit Periode 1, und die Relation $\sin \pi x \geqslant 2x$ für $0 \leqslant x \leqslant 1/2$ führt zu $f(x) \leqslant 1/4x^2$ für alle $0 < x \leqslant 1/2$. Denken wir uns $f(x)$ an den Nullstellen des Nenners stetig ergänzt, lautet die Fourierentwicklung

$$f(x) = (\frac{\sin(H+1)\pi x}{\sin \pi x})^2 = \sum_{h=-H}^{H} (H+1-|h|)e(hx) .$$

Den Nachweis führen wir am einfachsten mit Induktion nach H. Für $H = 0$ ist nichts zu beweisen, und für $H+1$ erhalten wir diese Fourierentwicklung aus der Annahme, sie stimmte bereits für H, nach der folgenden Rechnung:

$$\sum_{h=-H-1}^{H+1} (H+2-|h|)e(hx) = \sum_{h=-H}^{H} (H+1-|h|)e(hx) + \sum_{h=-H-1}^{H+1} e(hx) =$$

$$= (\frac{\sin(H+1)\pi x}{\sin \pi x})^2 + e(x)^{-H-1} \sum_{n=0}^{2H+2} e(x)^n = (\frac{\sin(H+1)\pi x}{\sin \pi x})^2 +$$

$$+ e(x)^{-H-1} \frac{e(x)^{2H+3} - 1}{e(x) - 1} = (\frac{\sin(H+1)\pi x}{\sin \pi x})^2 +$$

$$+ \frac{e(x)^{H+3/2} - e(x)^{-H-3/2}}{2i} \cdot \frac{2i}{e(x)^{1/2} - e(x)^{-1/2}} =$$

$$= (\frac{\sin(H+1)\pi x}{\sin \pi x})^2 + \frac{\sin(2H+3)\pi x}{\sin \pi x} = \frac{(\sin(H+1)\pi x)^2 + \sin(2H+3)\pi x \cdot \sin \pi x}{(\sin \pi x)^2}$$

$$= \frac{(\sin(H+1)\pi x)^2 + (\sin \frac{1}{2}((2H+3)\pi x + \pi x))^2 - (\sin \frac{1}{2}((2H+3)\pi x - \pi x))^2}{(\sin \pi x)^2} =$$

$$= (\frac{\sin(H+2)\pi x}{\sin \pi x})^2 . \qquad\qquad ////$$

Wegen $\widetilde{f}(0) = H + 1$ können wir schließlich $\widetilde{f}(0)$ beliebig groß wählen. Zur vollständigen Berechnung der rechten Seite von (1) benötigen wir außerdem die Fourierreihe von

$$\Delta_N(x;\omega) = \sum_{h=-\infty}^{\infty} \widetilde{\Delta}_N(h)e(hx) .$$

Den nullten Fourierkoeffizienten ermitteln wir aus

$$\widetilde{\Delta}_N(0) = \int_0^1 \Delta_N(x)dx = \frac{1}{N} \sum_{n=1}^{N} \int_0^1 c_{[0,x[}(\omega(n))dx - \int_0^1 x\,dx =$$

$$= \frac{1}{N} \sum_{n=1}^{N} (\int_{\omega(n)}^1 dx - \frac{1}{2}) = \frac{1}{N} \sum_{n=1}^{N} ((1 - \omega(n)) - \frac{1}{2}) = \frac{-1}{N} \sum_{n=1}^{N} (\omega(n) - \frac{1}{2}).$$

Bei $h \neq 0$ lautet der entsprechende Fourierkoeffizient

$$\widetilde{\Delta}_N(h) = \int_0^1 \Delta_N(x)e(-hx)dx = \int_0^1 \frac{1}{N} \sum_{n=1}^{N} c_{[0,x[}(\omega(n))e(-hx)dx -$$

$$- \int_0^1 xe(-hx)dx = \frac{1}{N} \sum_{n=1}^{N} (\int_{\omega(n)}^1 e(-hx)dx + \frac{1}{2\pi ih} xe(-hx)|_{x=0}^{x=1} -$$

$$- \frac{1}{2\pi ih} \int_0^1 e(-hx)dx) = \frac{1}{N} \sum_{n=1}^{N} (\frac{1}{2\pi ih} e(-h\omega(n)) - 1 + 1) =$$

$$= \frac{1}{2\pi ihN} \sum_{n=1}^{N} e(-h\omega(n)) .$$

Bis auf $\widetilde{\Delta}_N(0)$ kommen in jedem $\widetilde{\Delta}_N(h)$ nur Weylsche Summen vor.

Nehmen wir daher zunächst der Einfachheit halber an, es wäre $\widetilde{\Delta}_N(0) = 0$, dann ergäbe sich für den zweiten Summanden von (1):

$$| \int_{-b}^{1-b} \Delta_N(x+a)f(x)dx | = | \int_{-b}^{1-b} \Delta_N(x+a)(\frac{\sin(H+1)\pi x}{\sin \pi x})^2 dx | =$$

$$= | \int_{-a}^{1-a} \Delta_N(x+a)(\frac{\sin(H+1)\pi x}{\sin \pi x})^2 dx | =$$

(hier haben wir die Periodizität des Integranden verwendet. Nun setzen wir die Fourierreihe von $f(x)$ ein:)

$$= | \int_{-a}^{1-a} \Delta_N(x+a) \sum_{h=-H}^{H} (H+1-|h|)e(hx)dx | =$$

$$= | \sum_{h=-H}^{H} (H+1-|h|) \int_0^1 \Delta_N(x)e(h(x-a))dx | =$$

(jetzt nützen wir die Vereinbarung $\widetilde{\Delta}_N(0) = 0$ aus:)

$$= | \sum_{\substack{h=-H \\ h\neq 0}}^{H} (H+1-|h|)e(-ha) \frac{1}{2\pi i h N} \sum_{n=1}^{N} e(h\omega(n))| \leqslant$$

$$(2) \qquad \leqslant \frac{1}{2\pi N} \sum_{\substack{h=-H \\ h\neq 0}}^{H} \frac{(H+1-|h|)}{h} | \sum_{n=1}^{N} e(h\omega(n))| \leqslant$$

$$\leqslant \frac{H+1}{\pi} \sum_{h=1}^{H} \frac{1}{h} | \frac{1}{N} \sum_{n=1}^{N} e(h\omega(n))| .$$

Nur ein Hindernis, nämlich die zusätzliche Voraussetzung $\widetilde{\Delta}_N(0) = 0$, trennt uns noch von dem Ziel. Um jenes zu überwinden, formulieren wir einen

Hilfssatz: *Zu jeder Folge* $\omega(n)$ *in* $[0,1[$ *existiert eine reelle Zahl* c *mit der Eigenschaft*

$$\int_0^1 \Delta_N(x;\omega(n)+c)dx = 0.$$

Der Nachweis von

$$\int_0^1 \Delta_N(x;\omega(n)+c)dx = -\frac{1}{N} \sum_{n=1}^{N} (\omega(n) + c - [\omega(n) + c] - \frac{1}{2}) = 0$$

erfolgt dadurch, daß man, ausgehend von

8 Hlawka, Theorie der Gleichverteilung

$$\frac{1}{N} \sum_{n=1}^{N} (\omega(n) + c - [\omega(n) + c] - \omega(n)) =$$

$$= \frac{1}{N} \sum_{\substack{n=1 \\ \omega(n) < 1-c}}^{N} c + \frac{1}{N} \sum_{\substack{n=1 \\ \omega(n) \geqslant 1-c}}^{N} (c-1) = \Delta_N(1-c;\omega(n)),$$

die Existenz eines c mit

$$\Delta_N(1-c;\omega) = \frac{1}{2} - \frac{1}{N} \sum_{n=1}^{N} \omega(n) = \widetilde{\Delta}_N(0;\omega)$$

herleitet. Wenn wir dies gezeigt haben, stimmt der Hilfssatz. Im Fall $\widetilde{\Delta}_N(0;\omega)$ = 0 setzen wir $c = 0$; im Fall $\widetilde{\Delta}_N(0;\omega) > 0$ schließen wir wegen

$$\int_0^1 \Delta_N(x;\omega)dx = \widetilde{\Delta}_N(0;\omega)$$

auf die Existenz eines d aus $[0,1[$ mit $\Delta_N(d;\omega) \geqslant \widetilde{\Delta}_N(0;\omega)$. Nun gilt aber $\Delta_N(1;\omega) = 0$, und $\Delta_N(x;\omega(n))$ ist eine stückweise lineare Funktion, nur mit Sprüngen nach oben. Darum muß in $[d,1[$ eine Zahl $1-c$ mit $\Delta_N(1-c;\omega) = \widetilde{\Delta}_N(0;\omega)$ vorliegen. Im Fall $\widetilde{\Delta}_N(0;\omega) < 0$ schließt man analog. $////$

Die in (1) auftretenden Ausdrücke, insbesondere die Beträge der Weylschen Summen

$$\left| \frac{1}{N} \sum_{n=1}^{N} e(h\omega(n)) \right|$$

bleiben gegenüber der Translation von $\omega(n)$ zu $\omega(n) + c$ ungeändert. Deshalb bekommen wir zusammengefaßt[61]:

Die Ungleichung von Erdös und Turán: *Die Diskrepanz einer beliebigen reellwertigen Folge* $\omega(n)$ *kann durch*

$$D_N(\omega) \leqslant \frac{10}{H+1} + \frac{4}{\pi} \sum_{h=1}^{H} \frac{1}{h} \left| \frac{1}{N} \sum_{n=1}^{N} e(h\omega(n)) \right|$$

abgeschätzt werden, wobei H *eine beliebige natürliche Zahl bedeutet.*

Wir folgten im Beweis nicht den ursprünglichen Gedanken von P. Erdös und P. Turán, sondern sind den Überlegungen von H. Niederreiter und W. Philipp[62] nachgegangen. Unter Verwendung von (2) kommt man sogar zur Verschärfung

$$D_N(\omega) \leqslant \frac{10}{H+1} + \frac{4}{\pi} \sum_{h=1}^{H} (\frac{1}{h} - \frac{1}{H+1}) | \frac{1}{N} \sum_{n=1}^{N} e(h\omega(n)) |.$$

Selbstverständlich kann man den Beweis knapper darstellen, nur verliert man dann die Beweisidee aus den Augen.

VIII Numerische Integration

Gleichverteilte Folgen geben brauchbare Verfahren zur Berechnung von Integralen an. Wie gut diese numerischen Berechnungen konvergieren, kann mit Hilfe der Diskrepanz abgeschätzt werden. Die Theorie der Gleichverteilung verharrt nicht, sich selbst genügend, bei ihren eigenen Problemen. Sie durchbricht ihre Schranken, indem sie numerische Methoden bei analytischen Aufgaben zur Verfügung stellt, die von allgemeinem mathematischen Interesse sind.

1. Die Ungleichung von Koksma und ihre Verallgemeinerung

Im Zentrum dieses Kapitels steht die Darstellung

$$\int_0^1 f(x)dx = \lim_{N \to \infty} \frac{1}{N} \sum_{n=1}^N f(\omega(n))$$

von Integralen durch die schrittweise Annäherung der rechts stehenden Summen. Wie groß ist der Fehler, wenn man die Approximation bei einer natürlichen Zahl N abbricht? Man wird hier mit zwei Faktoren rechnen müssen: einerseits mit der „Güte" der Gleichverteilung der verwendeten Folge, andererseits mit der „Sprunghaftigkeit" der Funktion $f(x)$. Dies erkennen wir bereits anhand einer einfachen partiellen Integration, (setzen wir $f(x)$ dabei als stetig differenzierbar voraus):

$$\int_0^1 \Delta_N(x;\omega)f'(x)dx = \frac{1}{N} \sum_{n=1}^N \int_0^1 c_{[0,x[}(\omega(n))f'(x)dx - \int_0^1 xf'(x)dx =$$

$$= \frac{1}{N} \sum_{n=1}^N \int_{\omega(n)}^1 f'(x)dx - f(1) + \int_0^1 f(x)dx =$$

$$= -\frac{1}{N} \sum_{n=1}^N f(\omega(n)) + \int_0^1 f(x)dx.$$

Wir erhalten die Abschätzung

$$(1) \qquad |\int_0^1 f(x)dx - \frac{1}{N} \sum_{n=1}^N f(\omega(n))| = |\int_0^1 \Delta_N(x;\omega)f'(x)dx|,$$

die wir wie oben für Funktionen $f(x)$ von beschränkter Schwankung durch

$$|\int_0^1 f(x)dx - \frac{1}{N} \sum_{n=1}^N f(\omega(n))| = |\int_0^1 \Delta_N(x;\omega)df(x)|$$

verallgemeinern können, wobei wir das Differential $f'(x)dx$ durch das Stieltjesmaß df ersetzten. Die Größe

$$V(f) = \int\limits_0^1 |df(x)|$$

wird bekanntlich als *Schwankung* oder *Variation* von $f(x)$ definiert. Damit gelangen wir bereits zum ersten Ergebnis[63] :

Die Ungleichung von Koksma: $f(x)$ *bezeichne eine stetige Funktion beschränkter Schwankung, und* $\omega(n)$ *stelle irgendeine Folge in* [0,1[*dar. Dann gilt für alle natürlichen Zahlen* N:

$$\left| \int\limits_0^1 f(x)dx - \frac{1}{N} \sum_{n=1}^N f(\omega(n)) \right| \leqslant D_N^*(\omega) \cdot V(f).$$

Man kann diese Ungleichung für alle Funktionen beschränkter Schwankung beweisen, uns genügt diese einfache Version. Wendet man auf die rechte Seite von (1) statt einer einfachen Betragsabschätzung die Schwarzsche Ungleichung an, bekommt man nach I.M. Sobol[64] und S.K. Zaremba[65] für alle stetig differenzierbaren $f(x)$:

$$\left| \int\limits_0^1 f(x)dx - \frac{1}{N} \sum_{n=1}^N f(\omega(n)) \right| \leqslant D_N^{(2)}(\omega) \sqrt{\int\limits_0^1 |f'(x)|^2 \, dx}.$$

Die L^2–Norm ist besonders wichtig für die Anwendungen. In der Physik tritt z.B. die Berechnung quadratischer Mittel häufiger auf als die Ermittlung von Suprema.

Niederreiter[66] formte die Ungleichung von Koksma für stetige Funktionen unter Verwendung von Stetigkeitsmoduln um. Man kann auch beliebige Riemannintegrierbare Funktionen betrachten und die Abschätzung mit Hilfe des größten Unterschiedes zwischen Riemannschen Ober- und Untersummen vornehmen, wobei die Länge der Zerlegungsintervalle von [0,1[$D_N(\omega)$ nicht überschreiten darf[67]. Auf alle diese Varianten der Ungleichung von Koksma gehen wir nicht näher ein.

Für eindimensionale Approximationen, bei denen seit L. Euler die in [0,1[äquidistant liegenden Stützstellen als bestverteilte endliche Folgen bekannt sind, ist die Ungleichung von Koksma eher von akademischem Wert. Der Schritt ins Mehrdimensionale ist allerdings auch für die angewandte Mathematik von Interesse, denn im Mehrdimensionalen kennt man bis jetzt noch keine optimalen Quadraturformeln.

Wie im Eindimensionalen legen wir auch bei L Dimensionen die Diskrepanzen von Folgen $\omega_l(n)$ durch die Formein

$$D_N(\omega_l) = \sup_{J \subset [0,1[^L} \ |\frac{1}{N} \sum_{n=1}^{N} c_J(\omega_l(n)) - \int_{[0,1[^L} c_J(x_l)\mathrm{d}^L x_l| \ ,$$

$$D_N^*(\omega_l) = \sup_{0 \leqslant x \leqslant 1} \ |\Delta_N(x_l;\omega_l)|$$

bei

$$\Delta_N(x_l;\omega_l) = \frac{1}{N} \sum_{n=1}^{N} c_{[0,x_1[\times...\times[0,x_L[}(\omega_l(n)) - \prod_{l=1}^{L} x_l$$

und

$$D_N^{(p)}(\omega_l) = (\int_{[0,1[^L} |\Delta_N(x_l;\omega_l)|^p \mathrm{d}^L x_l)^{1/p}$$

fest, wobei in der ersten Formel das Supremum über alle achsenparallelen Teilquader von $[0,1[^L$ genommen wird und in der letzten Formel p eine reelle Zahl $\geqslant 1$ bedeutet.

Eine Reihe von Überlegungen des vorigen Kapitels findet auch bei mehrdimensionalen Diskrepanzen Anwendung. Dies soll uns zunächst nicht näher interessieren, vielmehr beschäftigt uns im Augenblick die Übertragung der Ungleichung von Koksma auf mehrere Dimensionen. Wir gehen dabei analog zum eindimensionalen Fall vor, müssen aber einige Bezeichnungen kennenlernen, die uns bei der Formulierung der Resultate helfen:

Unter einer *Indexfolge* $l(k)$ verstehen wir eine streng monoton wachsende Teilfolge der Zahlen $1, 2, ..., L$, d.h. es gilt:

$$1 \leqslant l(1) < l(2) < ... < l(K) \leqslant L \ .$$

Die Anzahl der Elemente einer Indexfolge benennen wir mit dem entsprechenden Großbuchstaben der diskreten Veränderlichen, von der sie abhängt, (d.h. $l(k)$ hat K, $l'(j)$ J Elemente). Außerdem fügen wir zu den obigen Indexfolgen noch eine *leere Indexfolge* $l(0)$ hinzu, in der überhaupt kein Index auftritt. Innerhalb der Indexfolgen kann man eine Ordnung dadurch einführen, daß man $l'(j) \leqslant l(k)$ genau dann gelten läßt, wenn jedes $l'(j)$ ein $l(k)$ ist, d.h. wenn jeder Index der $l'(j)$ unter den $l(k)$ vorkommt. Damit gewinnt man zwar keine Totalordnung, immerhin gilt aber stets $l(0) \leqslant$ $\leqslant l(k) \leqslant l$, wenn man beachtet, daß $l = 1, 2, ..., L$, *alle* Indizes zwischen 1 und L durchläuft. Unter $(x_{l(k)}/\!/y_l)$ verstehen wir den so definierten Punkt:

Er kann als $(x_{l(k)}/\!/y_l) = z_l$ geschrieben werden, wobei $z_l = x_l$ ist, wenn l in $l(k)$ vorkommt, sonst aber $z_l = y_l$ gilt.

In den folgenden drei Hilfssätzen berechnen wir mehrfache Integrale, die wir zur Verallgemeinerung der Ungleichung von Koksma brauchen. $f(x_l)$ bezeichne dabei eine Funktion, bei der alle Ableitungen

$$\frac{\partial^K}{\partial^K x_{l(k)}} f(x_l) = \frac{\partial^K}{\partial x_{l(1)} \cdots \partial x_{l(K)}} f(x_1,\ldots,x_L)$$

existieren und stetig sind.

Hilfssatz 1: *Für beliebige Punkte* a_l, b_l *und alle Indexfolgen* $l(k)$ *gilt:*

$$\int_{a_{l(1)}}^{b_{l(1)}} \cdots \int_{a_{l(K)}}^{b_{l(K)}} \frac{\partial^K}{\partial^K x_{l(k)}} f(x_{l(k)}/\!/b_l) \mathrm{d}^K x_{l(k)} = \sum_{l'(j) \leqslant l(k)} (-1)^J f(a_{l'(j)}/\!/b_l).$$

Wir gehen beim Beweis mit Induktion nach K vor. Für $K = 0$ brauchen wir nichts zu zeigen. Gilt die Formel bereits für K, erhalten wir, wenn $k' = 1$, $2, \ldots, K+1$ durchläuft:

$$\int_{a_{l(1)}}^{b_{l(1)}} \cdots \int_{a_{l(K)}}^{b_{l(K)}} \int_{a_{l(K+1)}}^{b_{l(K+1)}} \frac{\partial^{K+1}}{\partial^{K+1} x_{l(k')}} f(x_{l(k')}/\!/b_l) \mathrm{d}^{K+1} x_{l(k')} =$$

$$= \int_{a_{l(1)}}^{b_{l(1)}} \cdots \int_{a_{l(K)}}^{b_{l(K)}} \int_{a_{l(K+1)}}^{b_{l(K+1)}} \frac{\partial^K}{\partial^K x_{l(k)}} \frac{\partial}{\partial x_{l(K+1)}} f(x_{l(k')}/\!/b_l) \mathrm{d}x_{l(K+1)} \mathrm{d}^K x_{l(k)} =$$

$$= \int_{a_{l(1)}}^{b_{l(1)}} \cdots \int_{a_{l(K)}}^{b_{l(K)}} \frac{\partial^K}{\partial^K x_{l(k)}} (f(x_{l(k)}/\!/b_l) - f(x_{l(k)}/\!/b_l')) \mathrm{d}^K x_{l(k)} =$$

(wobei $b_l' = b_l$ bis auf $l = l(K+1)$ ist, wo wir $b_{l(K+1)}' = a_{l(K+1)}$ setzen,)

$$= \sum_{l'(j) \leqslant l(k)} (-1)^J f(a_{l'(j)}/\!/b_l) - \sum_{\substack{l'(j) \leqslant l(k') \\ l'(J) = l(K+1)}} (-1)^{J-1} f(a_{l'(j)}/\!/b_l) =$$

$$= \sum_{l'(j) \leqslant l(k')} (-1)^J f(a_{l'(j)}/\!/b_l) . \qquad /\!/\!/\!/$$

Hilfssatz 2: *Für alle Indexfolgen* $l(k)$ *gilt:*

$$\int_{[0,1[^K} \prod_{k=1}^K x_{l(k)} \cdot \frac{\partial^K}{\partial^K x_{l(k)}} f(x_{l(k)}/\!/1) \mathrm{d}^K x_{l(k)} = \sum_{l'(j) \leqslant l(k)} (-1)^J \int_{[0,1[^J} f(x_{l'(j)}/\!/1) \mathrm{d}^J x_{l'(j)}.$$

Wieder ist die Aussage für $K = 0$ trivial. Gilt sie bereits für K, erhalten wir analog zum vorigen Beweis durch partielle Integration:

$$\int\limits_{[0,1[^{K+1}} \prod_{k'=1}^{K+1} x_{l(k')} \frac{\partial^{K+1}}{\partial^{K+1} x_{l(k')}} f(x_{l(k')}/\!/1) \mathrm{d}^{K+1} x_{l(k')} =$$

$$= \int\limits_{[0,1[^{K}} \prod_{k=1}^{K} x_{l(k)} \int\limits_{0}^{1} x_{l(K+1)} \frac{\partial}{\partial x_{l(K+1)}} \left(\frac{\partial^{K}}{\partial^{K} x_{l(k)}} f(x_{l(k')}/\!/1) \right) \mathrm{d} x_{l(K+1)} \mathrm{d}^{K} x_{l(k)} =$$

$$= \int\limits_{[0,1[^{K}} \prod_{k=1}^{K} x_{l(k)} \frac{\partial^{K}}{\partial^{K} x_{l(k)}} f(x_{l(k)}/\!/1) \mathrm{d}^{K} x_{l(k)} -$$

$$- \int\limits_{0}^{1} \int\limits_{[0,1[^{K}} \prod_{k=1}^{K} x_{l(k)} \frac{\partial^{K}}{\partial^{K} x_{l(k)}} f(x_{l(k')}/\!/1) \mathrm{d}^{K} x_{l(k)} \mathrm{d} x_{l(K+1)} =$$

$$= \sum_{\substack{l'(j) \leqslant l(k)}} (-1)^{J} \int\limits_{[0,1[^{J}} f(x_{l'(j)}/\!/1) \mathrm{d}^{J} x_{l'(j)} - \sum_{\substack{l'(j) \leqslant l(k') \\ l'(J) = l(K+1)}} (-1)^{J-1} \int\limits_{[0,1[^{J}} f(x_{l'(j)}/\!/1) \mathrm{d}^{J} x_{l'(j)} =$$

$$= \sum_{\substack{l'(j) \leqslant l(k')}} (-1)^{J} \int\limits_{[0,1[^{J}} f(x_{l'(j)}/\!/1) \mathrm{d}^{J} x_{l'(j)} . \qquad\qquad ////$$

Wie zu Beginn dieses Paragraphen berechnen wir nun:

$$\int\limits_{[0,1[^{K}} \Delta_{N}(x_{l(k)}/\!/1; \omega_{l(k)}) \frac{\partial^{K}}{\partial^{K} x_{l(k)}} f(x_{l(k)}/\!/1) \mathrm{d}^{K} x_{l(k)} =$$

$$= \frac{1}{N} \sum_{n=1}^{N} \int\limits_{\omega_{l(1)}(n)}^{1} \dots \int\limits_{\omega_{l(K)}(n)}^{1} \frac{\partial^{K}}{\partial^{K} x_{l(k)}} f(x_{l(k)}/\!/1) \mathrm{d}^{K} x_{l(k)} -$$

$$- \int\limits_{[0,1[^{K}} \prod_{k=1}^{K} x_{l(k)} \cdot \frac{\partial^{K}}{\partial^{K} x_{l(k)}} f(x_{l(k)}/\!/1) \mathrm{d}^{K} x_{l(k)} =$$

nach den beiden Hilfssätzen

$$= \sum_{\substack{l'(j) \leqslant l(k)}} (-1)^{J} \left(\frac{1}{N} \sum_{n=1}^{N} f(\omega_{l'(j)}(n)/\!/1) - \int\limits_{[0,1[^{J}} f(x_{l'(j)}/\!/1) \mathrm{d}^{J} x_{l'(j)} \right).$$

Hieraus schließen wir:

$$\left| \frac{1}{N} \sum_{n=1}^{N} f(\omega_{l(k)}(n)/\!/1) - \int\limits_{[0,1[^{K}} f(x_{l(k)}/\!/1) \mathrm{d}^{K} x_{l(k)} \right| \leqslant$$

$$\leq | \int_{[0,1[^K} \Delta_N(x_{l(k)}/\!/1;\omega_{l(k)}) \frac{\partial^K}{\partial^K x_{l(k)}} f(x_{l(k)}/\!/1) d^K x_{l(k)} | +$$

$$+ \sum_{l(0)<l'(j)<l(k)} | \frac{1}{N} \sum_{n=1}^{N} f(\omega_{l'(j)}(n)/\!/1) - \int_{[0,1[^J} f(x_{l'(j)}/\!/1) d^J x_{l'(j)} |.$$

In der letzten Summe konnten wir deshalb $l(0) < l'(j)$ annehmen, weil der Summand mit $l'(j) = l(0)$ ohnedies verschwindet. Daher liegt die folgende Behauptung nahe:

Hilfssatz 3: *Für jedes* $\omega_l(n)$ *in* $[0,1[^L$ *und jede Indexfolge* $l(k)$ *gilt:*

$$| \frac{1}{N} \sum_{n=1}^{N} f(\omega_{l(k)}(n)/\!/1) - \int_{[0,1[^K} f(x_{l(k)}/\!/1) d^K x_{l(k)} | \leq$$

$$\leq \sum_{l(0)<l'(j)<l(k)} | \int_{[0,1[^J} \Delta_N(x_{l'(j)}/\!/1;\omega_{l'(j)}) \frac{\partial^J}{\partial^J x_{l'(j)}} f(x_{l'(j)}/\!/1) d^J x_{l'(j)} |.$$

Den Nachweis kann man wieder mit Induktion nach K führen. Für $K = 0$ ist alles trivial. Wenn man die Behauptung für $K-1$ annimmt, zeigt die kurz vorher dargelegte Überlegung, daß die Behauptung für K gilt.   ////

Im Falle $K = L$ erhalten wir[68] :

Die mehrdimensionale Verallgemeinerung der Ungleichung von Koksma:
Existieren von der mit Periode 1 periodischen Funktion $f(x_l)$ *alle partiellen Ableitungen*

$$\frac{\partial^K}{\partial^K x_{l(k)}} f(x_l)$$

und sind diese auch stetig, dann gilt für jede L*–dimensionale Folge* $\omega_l(n)$ *und jede natürliche Zahl* N *die Abschätzung*

$$| \int_{[0,1[^L} f(x_l) d^L x_l - \frac{1}{N} \sum_{n=1}^{N} f(\omega_l(n)) | \leq$$

$$\leq \sum_{l(0)<l(j)} D_N^*(\omega_{l(j)}) \int_{[0,1[^J} | \frac{\partial^J}{\partial^J x_{l(j)}} f(x_{l(j)}/\!/1) | d^J x_{l(j)}.$$

Wie bei der Ungleichung von Koksma kann man daher auch hier

$$V_{\mathcal{K}(j)}(f) = \int_{[0,1[^J} |\frac{\partial^J}{\partial^J x_{\mathcal{K}(j)}} f(x_{\mathcal{K}(j)}/\!/1)| d^J x_{\mathcal{K}(j)}$$

als *Schwankung* oder *Variation* bezeichnen und die Ungleichung für Funktionen beweisen, die bei einer allgemeineren Fassung dieses Schwankungsbegriffes nach G.H. Hardy[69] und J.M. Krause[70] noch von beschränkter Schwankung sind. Darauf gehen wir jedoch nicht näher ein.

Wendet man im Hilfssatz 3 die Schwarzsche Ungleichung an, erhält man analog zum eindimensionalen Fall die Abschätzung[65]

$$| \int_{[0,1[^L} f(x_l) d^L x_l - \frac{1}{N} \sum_{n=1}^{N} f(\omega_l(n))| \leqslant$$

$$\leqslant \sum_{\mathcal{K}(0)<\mathcal{K}(j)} D_N^{(2)}(\omega_{\mathcal{K}(j)}) \sqrt{\int_{[0,1[^J} |\frac{\partial^J}{\partial^J x_{\mathcal{K}(j)}} f(x_{\mathcal{K}(j)}/\!/1)|^2 d^J x_{\mathcal{K}(j)}} \ .$$

Der nächste Paragraph zeigt Möglichkeiten, diese Methoden der numerischen Integration auf verschiedenen Gebieten anzuwenden.

2. Anwendungen in der numerischen Mathematik

Hier setzen wir uns das Ziel, einige interessante Anwendungen gleichverteilter Folgen darzulegen. Keine dieser Anwendungen behandeln wir genau und in allen Einzelheiten; wir zeigen vielmehr anhand von Beispielen, wie gleichverteilte Folgen für die numerische Mathematik nutzbar gemacht werden können. Wir verfahren dabei immer auf die gleiche Weise:

Alle in einer Formel auftretenden, schwer zu berechnenden Integrale ersetzen wir durch entsprechende Summen über Folgen. Der in der Größenordnung der Diskrepanz der verwendeten Folge auftretende Fehler kann bei einer gleichverteilten Folge und einer genügend hohen Zahl von Summanden beliebig nahe an Null herangeführt werden.

Als erstes Beispiel betrachten wir die *inhomogene lineare Integralgleichung*[71]

$$\varphi(x) - \lambda \int_0^1 K(x,y)\varphi(y)dy = f(x),$$

wobei sowohl der Kern $K(x,y)$, als auch die Störfunktion $f(x)$ von beschränkter Schwankung seien. Die Theorie der Integralgleichungen lehrt, daß die Lösung bei genügend kleinem λ durch die nach C. Neumann benannte Reihe

$$\varphi(x) = f(x) + \sum_{L=1}^{\infty} \lambda^L \int_{[0,1]^L} K(x,x_1)K(x_1,x_2)...K(x_{L-1},x_L)f(x_L)\mathrm{d}^L x_l$$

gegeben ist. Diese Formel wird am besten verständlich, wenn man von der nullten Näherung $\varphi_0(x) = f(x)$ ausgeht und die nachfolgende Näherung $\varphi_P(x)$ aus der vorhergehenden $\varphi_{P-1}(x)$ durch

$$\varphi_P(x) = f(x) + \lambda \int_0^1 K(x,x_P)\varphi_{P-1}(x_P)\mathrm{d}x_P$$

schrittweise berechnet. Nach dem Fixpunktsatz von S. Banach[72] erhält man bei einem genügend kleinen λ die Gewißheit sowohl für die Konvergenz der Neumannschen Reihe als auch für die Tatsache, daß in ihr die Lösung gegeben ist.

Die mehrfachen Integrale der Neumannschen Reihe erschweren die Berechnung der Lösung – oder auch nur einer genügend nahe liegenden Näherung – erheblich. Wir ersetzen deshalb die Lösung durch die Näherungsformel

$$\Phi(x;P,N) =$$

$$= f(x) + \sum_{L=1}^{P} \lambda^L \frac{1}{N} \sum_{n=1}^{N} K(x,\omega_1(n))K(\omega_1(n),\omega_2(n))..K(\omega_{L-1}(n),\omega_L(n))f(\omega_L(n)).$$

Der hiebei entstehende Fehler setzt sich offensichtlich aus zwei Komponenten zusammen: einmal aus dem Abbrechen der Reihe zu einer Summe mit P Summanden und zum anderen aus dem Vertauschen der Integrationen durch Summationen – hier tritt ein Fehler in der Größenordnung der Diskrepanz zutage. Die genaue Fehlerabschätzung muß natürlich eine Reihe anderer Parameter berücksichtigen, die vom Kern, von der Störfunktion und von λ abhängen. Auf deren Einflußnahme gehen wir nicht näher ein[73].

Ein zweites Beispiel behandelt die *Berechnung des Maximums genügend oft differenzierbarer Funktionen* $f(x_l)$ mit Periode 1. Bezeichnet nämlich ξ_l einen Punkt, an dem $f(\xi_l) = \mu$ seinen größten Wert annimmt, erhalten wir einerseits

$$|f(x_l) - \mu| = |\int_0^1 \frac{\mathrm{d}}{\mathrm{d}t} f(x_l + t(\xi_l - x_l))\mathrm{d}t| \leqslant LM \sup_l |\xi_l - x_l| ,$$

wobei L die Dimension und M den größten Wert bezeichnet, den eine der partiellen Ableitungen von $f(x_l)$ annehmen kann. Führen wir die positive Größe κ durch die Forderung $\kappa < \mu/LM$ ein, erhalten wir für den Bereich B aller x_l mit $\sup_l |x_l - \xi_l| < \kappa$:

$$\int_{[0,1[^L} f(x_l)^p \, \mathrm{d}^L x_l \;\geqslant\; \int_B (\mu - LM \sup_l |x_l - \xi_l|)^p \, \mathrm{d}^L x_l \;\geqslant\; (\mu - LM\kappa)^p \kappa^L \,,$$

$$\mu - \big(\int_{[0,1[^L} f(x_l)^p \, \mathrm{d}^L x_l \big)^{1/p} \;\leqslant\; \mu - (\mu - LM\kappa)\mathrm{e}^{-(L/p)\log \kappa} \;\leqslant$$

$$\leqslant\; \mu - \frac{\mu - LM\kappa}{1 + (L/p)\log(1/\kappa)} \;\leqslant\; \frac{L\mu\log(1/\kappa)}{p} + LM\kappa \,.$$

Andererseits ist natürlich

und demgemäß

$$\int_{[0,1[^L} f(x_l)^p \, \mathrm{d}^L x_l \;\leqslant\; \mu^p$$

$$|\mu - \big(\int_{[0,1[^L} f(x_l)^p \, \mathrm{d}^L x_l \big)^{1/p}| \;\leqslant\; \frac{L\mu\log(1/\kappa)}{p} + LM\kappa \,.$$

Das Maximum μ kann somit beliebig gut durch ein Integral abgeschätzt werden, wählt man κ nur so klein, daß der zweite Summand der rechten Seite kleiner als $\epsilon/2$ wird und setzt man danach p so groß an, daß auch der erste Summand $\epsilon/2$ unterschreitet.

Nach unserem allgemeinen Prinzip bildet somit auch

$$(\frac{1}{N} \sum_{n=1}^{N} f(\omega_l(n))^p)^{1/p}$$

eine Näherungsformel für μ, wobei sich diesmal die Größe von p nicht allein nach κ, sondern im besonderen nach der Diskrepanz $D_N(\omega_l)$ richtet[74].

Ein drittes Anwendungsbeispiel betrifft den *Weierstraßschen Approximationssatz*. Diesen Satz kann man in der folgenden einfachen Formulierung: Jedes stetige $f(x_l)$ lasse sich in einem kompakten Teilintervall von $]0,1[^L$ durch ein Polynom mit beliebig kleinem Fehler approximieren, nach einer Idee von E. Landau mit Hilfe der durch das Integral

$$p(x_l) = \frac{1}{V_k} \int_{[0,1[^L} f(t_l) \prod_{l=1}^{L} (1 - (t_l - x_l)^2)^k \, \mathrm{d}^L t_l$$

gegebenen Polynomfunktion beweisen. Dabei ist V_k die L-te Potenz eines elementaren Integrals

$$V_k = (\int_{-1}^{1} (1 - t^2)^k \, \mathrm{d}t)^L \,.$$

Wieder liegt es nahe, das obige Integral durch

$$P(x_l;N) = \frac{1}{V_k N} \sum_{n=1}^{N} f(\omega_l(n)) \prod_{l=1}^{L} (1 - (\omega_l(n) - x_l)^2)^k$$

zu ersetzen und nach dem Unterschied zwischen $f(x_l)$ und $P(x_l;N)$ zu fragen. In diesem Beispiel erweist sich der Stetigkeitsmodul

$$M(f,\delta_l) = \sup_{|x_l| < \delta_l} |f(x_l + \delta_l) - f(x_l)|$$

von großer Bedeutung. Wenn nämlich bei genügend großem k

$$\sigma = \sqrt{(L \log k)/k}$$

ist und wir uns nur auf Funktionen im Kompaktum $[\sigma, 1-\sigma]$ beschränken und M den größten Betrag von $f(x_l)$ in diesem Bereich bezeichnet, dann beläuft sich der Approximationsfehler auf

$$M(f,\sigma) + (2Lk^{-L/2} + (4^L + (L \log k)^L)D_N(\omega_l))(M(f,\sigma) + 2M).$$

Wir geben diese Größe ohne Beweis an, heben aber die Position von $D_N(\omega_l)$ hervor, die einen beliebig kleinen Fehler bei der Abschätzung der Funktion durch $P(x_l;N)$ ermöglicht, sofern man k und N genügend groß wählt[75].

Als letztes Beispiel besprechen wir die Möglichkeit der *Approximation analytischer Funktionen*. Hiezu betrachten wir den durch $|z_l| < 1$ gegebenen Polyzylinder U von C^L und dessen ausgezeichneten Rand T, der durch $|z_l| = 1$ gekennzeichnet wird. Ist die stetige Funktion $f(z_l)$ in U analytisch und liegen auf T alle partiellen Ableitungen erster Ordnung zumindest als stetige Funktionen vor, sodaß

$$I_T(f) = \sup_{\varkappa(k)} \int_T |\frac{\partial^K}{\partial^K z_{\varkappa(k)}} f(z_l)||\mathrm{d}^L z_l|$$

eine wohldefinierte Größe darstellt, kann man für alle ζ_l aus U nach der Cauchyschen Formel

$$\frac{1}{(2\pi i)^L} \int_T \frac{f(z_l)}{\prod_{l=1}^{L}(z_l - \zeta_l)} \mathrm{d}^L z_l = f(\zeta_l)$$

$f(\zeta_l)$ darstellen und wie üblich das obige Integral durch die Summe

$$\frac{1}{(2\pi i)^L N} \sum_{n=1}^{N} \frac{f(e^{2\pi i \omega_l(n)})(2\pi i)^L}{\prod_{l=1}^{L}(e^{2\pi i \omega_l(n)} - \zeta_l)} =$$

$$= \frac{1}{N} \sum_{n=1}^{N} \frac{f(e(\omega_l(n)))}{\Pi_{l=1}^{L}(e(\omega_l(n)) - \zeta_l)}$$

ersetzen. Wieder kann man nach dem Fehler der Abschätzung fragen. Dieser ergibt sich als

$$\left| f(\zeta_l) - \frac{1}{N} \sum_{n=1}^{N} \frac{f(e(\omega_l(n)))}{\Pi_{l=1}^{L}(e(\omega_l(n)) - \zeta_l)} \right| \leqslant \prod_{l=1}^{L} (\frac{8(1+4\pi^2)}{(1-|\zeta_l|)^2}) I_T(f) D_N(\omega_l).$$

Auch hier wollen wir auf den genauen Nachweis verzichten. Wir erwähnen lediglich, daß man mit Hilfe der Theorie der Gleichverteilung die Funktion nicht allein im Inneren des Polyzylinders approximieren, sondern sogar numerisch nach außen hin analytisch fortsetzen kann, wenn sie sich in einem größeren Polyzylinder analytisch fortsetzen läßt[76].

3. Praktische Gitterpunkte

In diesem Paragraphen fragen wir nach Folgen, die man für die mehrdimensionale Approximation von Integralen verwenden kann. Allgemein eignen sich dazu beliebige gleichverteilte $\omega_l(n)$, denn wie im Eindimensionalen ist auch im Mehrdimensionalen die Konvergenz $\lim_{N\to\infty} D_N(\omega_l) = 0$ mit der Gleichverteilung von $\omega_l(n)$ modulo 1 äquivalent. Vor allem sind wir aber an Folgen mit sehr kleinen Diskrepanzen interessiert.

Bevor wir auf die praktischen Gitterpunkte näher eingehen, erwähnen wir kurz einige andere mehrdimensionale Folgen. Zunächst wird man die naheliegende Folge $n\alpha_l$ untersuchen, wobei die α_l linear unabhängig über Z sind. Nach Niederreiter[66] beträgt die Diskrepanz

$$D_N(n\alpha_l) \leqslant \frac{C \cdot N^\epsilon}{N},$$

wobei $\epsilon > 0$ eine beliebige Zahl sein kann. In Analogie zur Folge von van der Corput kann man nach J.H. Halton[77] eine Folge $\omega_l(n)$ so konstruieren, daß bei der Zifferndarstellung von

$$n = a_k^{(l)} m_l^k + a_{k-1}^{(l)} m_l^{k-1} + \dots + a_0^{(l)}$$

zu den paarweise relativ primen Basen m_l

$$\omega_l(n) = 0, a_0^{(l)} a_1^{(l)} \dots a_k^{(l)}$$

gelte. Im Fall $L = 1, m_1 = 2$ gewinnen wir daraus die Folge von van der

Corput. Die Diskrepanzabschätzung für die *Folge von Halton und van der Corput* lautet:

$$D_N(\omega_l) \leqslant C \frac{(\log N)^L}{N}.$$

Nach einer Idee von Halton[77] und J.M. Hammmersley[78] kann man für $m_l =$ $= p_l$ die ersten L Primzahlen wählen und eine $(L+1)$–te Komponente durch die Definition

$$\omega_{L+1}(n) = \frac{n}{N}$$

hinzufügen. Läuft l' als Index von 1 bis $L+1$, gilt auch für die Folge von Hammersley und Halton die Diskrepanzabschätzung

$$D_N(\omega_{l'}) \leqslant C \frac{(\log N)^L}{N};$$

allerdings ist sie nur eine endliche Folge, die aus N Gliedern besteht.

Eine ganze Familie abbrechender, aber sehr gut gleichverteilter Folgen gewinnen wir durch die sogenannten *praktischen Gitterpunkte*. Darunter verstehen wir eine Folge von Gitterpunkten $g_l(N)$, $N = 1, 2, ...,$ aus $\mathbf{Z}^L$. Dabei soll man zu jedem vom Nullpunkt verschiedenen Gitterpunkt $h_l \in \mathbf{Z}^L$ eine natürliche Zahl $N(h_l)$ angeben können, sodaß für alle $N \geqslant N(h_l)$ $h_l g_l(N) \not\equiv 0 \pmod{N}$ gilt. Wegen

$$\frac{1}{N} \sum_{n=1}^{N} e(\frac{n}{N} h_l g_l(N)) = \begin{cases} 0, & \text{wenn } h_l g_l(N) \not\equiv 0 \pmod{N}, \\ 1, & \text{wenn } h_l g_l(N) \equiv 0 \pmod{N} \end{cases}$$

folgt daraus für praktische Gitterpunkte

$$\lim_{N \to \infty} \frac{1}{N} \sum_{n=1}^{N} e(h_l \frac{n}{N} g_l(N)) = 0,$$

d.h. die Folgenfamilie $\omega_l(N,n) = (n/N)g_l(N)$, $n = 1, ..., N$, $N = 1, 2, ...,$ *beschreibt eine modulo 1 gleichverteilte Doppelfolge.*

Nimmt man die mehrdimensionale Verallgemeinerung der Ungleichung von Erdös und Turán[79]

$$D_N(\omega_l) \leqslant C(\frac{1}{H} + \sum_{0 < \sup_l |h_l| \leqslant H} \frac{1}{r(h_l)} |\frac{1}{N} \sum_{n=1}^{N} e(h_l \omega_l(n))|)$$

mit einer Konstanten C und den durch

$$r(h_l) = \prod_{l=1}^{L} \max(1, |h_l|)$$

gegebenen Größen als richtig an (eine derartige Verallgemeinerung wurde gleichzeitig von Koksma und P. Szüsz gefunden), erkennt man sofort, daß praktische Gitterpunkte sehr gute gleichverteilte endliche Folgen liefern, die umso besser sind, je kleiner man $N(h_l)$ wählen kann.

Die Frage nach der Existenz praktischer Gitterpunkte ist keineswegs trivial. Bei $L = 1$ kann selbstverständlich $g(N) = 1$ gewählt werden, denn ab $N \geqslant |h| + 1 = N(h)$ gilt tatsächlich $hg(N) \equiv h \not\equiv 0 \pmod{N}$. Im allgemeinen Fall behaupten wir:

Stellen α_l L über $\mathbb{Z}$ linear unabhängige Zahlen dar, ergeben die Punkte $[N\alpha_l]$ aus $\mathbb{Z}^L$ praktische Gitterpunkte.

Wären nämlich für unendlich viele natürliche Zahlen N bei einem von 0 verschiedenen h_l

(1) $h_l[N\alpha_l] \equiv 0 \pmod{N}$,

ergäben sich aus

$$h_l \frac{[N\alpha_l]}{N} = L_N$$

lauter ganze Zahlen. Es liegt im Wesen der nächstkleineren ganzen Zahl

$$\frac{[N\alpha_l]}{N} = \alpha_l + \frac{\vartheta_l}{N} , \qquad 0 \leqslant \vartheta_l < 1 ,$$

zu erfüllen, woraus man

$$L_N = h_l\alpha_l + \frac{1}{N}(h_l\vartheta_l)$$

$$|L_N| \leqslant |h_l\alpha_l| + |h_1| + \ldots + |h_L| = K(h_l)$$

ermitteln könnte. Dabei hätte die Schranke $K(h_l)$ mit N nichts mehr zu tun. Weil die unendlich vielen ganzen Zahlen L_N innerhalb fester Grenzen liegen, müßten unendlich viele L_{N_j} einander gleich sein,

$$h_l \alpha_l + \frac{1}{N_j}(h_l \vartheta_l) = L_{N_j} = L \; ; \qquad j = 1, 2, \ldots,$$

woraus wir bei $j \to \infty$

$$h_l \alpha_l = L \quad \text{aus} \quad \mathbf{Z}$$

erhielten. Dieses Ergebnis widerspricht aber der Voraussetzung, die α_l seien linear unabhängig über $\mathbf{Z}$.   ////

Die Frage, ob praktische Gitterpunkte in allen Dimensionen existieren, bildet allerdings nur den Anfang genauerer Untersuchungen. Denn hier befinden wir uns bereits an der Front der Forschung.

Ähnlich steht es mit den sogenannten *guten Gitterpunkten*, die wir hier nur dem Namen nach erwähnen. Für eingehendere Untersuchungen mehrdimensionaler Folgen und deren Diskrepanzen verweisen wir auf die Literatur[80].

IX Anwendungen in Analysis und Zahlentheorie

Am häufigsten werden gleichverteilte Folgen verwendet, um mit ihrer Hilfe Integrale zu berechnen. Aber auch in anscheinend nicht damit zusammenhängenden Fragen tritt die Gleichverteilung zutage. Dies veranschaulichen wir an drei Beispielen: Zunächst betrachten wir analytische Funktionen und beweisen, daß die nichttrivialen Nullstellen der Riemannschen Zetafunktion gleichverteilt sind. Dann zeigen wir, wie man kuriose Riemannintegrierbare Funktionen mittels gleichverteilter Folgen darstellen kann und am Schluß des Kapitels stellen wir interessante zahlentheoretische Identitäten vor, die mittels gleichverteilter Pythagoräischer Tripel hergeleitet werden.

1. Die Nullstellen der Zetafunktion sind gleichverteilt

Nachdem die Divergenz der harmonischen Reihe

$$\sum_{n=1}^{\infty} \frac{1}{n}$$

von Euler zum Nachweis für die Unendlichkeit der Menge aller Primzahlen herangezogen worden war, rückte die Funktion

$$\zeta(s) = \sum_{n=1}^{\infty} \frac{1}{n^s}$$

in den Mittelpunkt des Interesses jener Zahlentheoretiker, die sich mit der Verteilung der Primzahlen beschäftigten[81]. Die obige, nach B. Riemann benannte Zetafunktion ist zunächst nur für alle komplexen s mit Re $s > 1$ definiert und besitzt an der Stelle $s = 1$ einen Pol mit Residuum 1. Man kann

$$\zeta(s) - \frac{1}{s-1}$$

in der gesamten komplexen Zahlenebene analytisch fortsetzen, wobei sich die folgende Funktionalgleichung

$$\zeta(s) = 2^s \pi^{s-1} \sin \frac{1}{2} s\pi \; \Gamma(1-s)\zeta(1-s)$$

ergibt. Sie zeigt den Zusammenhang der Funktionswerte der Zetafunktion links und rechts von $\text{Re } s = 1/2$ auf[82]. Für $\text{Re } s > 1$ besitzt die Riemannsche Zetafunktion keine Nullstellen; nach der obigen Funktionalgleichung kann sie in $\text{Re } s < 0$ nur die Nullstellen $-2, -4, -6, \ldots$ haben. Dies sind die sogenannten *trivialen Nullstellen*. Die übrigen *nichttrivialen Nullstellen* von $\zeta(s)$ liegen im *kritischen Streifen* $0 \leqslant \text{Re } s \leqslant 1$, symmetrisch um die Achse $\text{Re } s = 1/2$ angeordnet. Riemann vermutete, daß sich alle nichttrivialen Nullstellen *auf* der Achse $\text{Re } s = 1/2$ befänden. Die Bedeutung der Riemannschen Vermutung läßt sich vielleicht daraus erahnen, daß der Primzahlsatz, welcher die asymptotische Verteilung der Primzahlen angibt, daraus bewiesen werden kann, daß $\zeta(s)$ auf der Geraden $\text{Re } s = 1$ keine Nullstellen besitzt[81]. Würde die Riemannsche Vermutung gelten, könnte man hieraus genauere Abschätzungen der Primzahlverteilung gewinnen.

Allerdings steht der Nachweis oder die Widerlegung der Riemannschen Vermutung bis heute noch aus. Man weiß bis jetzt, daß es unendlich viele nichttriviale Nullstellen gibt, die wir mit

$$\rho(n) = \beta(n) + i\gamma(n)$$

bezeichnen. Die Anzahl $N(T)$ der $\rho(n)$ mit $0 < \gamma(n) \leqslant T$ kann durch

$$(1) \qquad N(T) = \sum_{0 < \gamma(n) \leqslant T} 1 = \frac{T \log T}{2\pi} + O(T)$$

abgeschätzt werden[82]. (Dabei bedeutet

$$f(T) = g(T) + O(h(T))$$

die Beschränktheit von

$$\frac{f(T) - g(T)}{h(T)}$$

bei $T \to \infty$.) Die Abweichung der $\beta(n)$ von $1/2$ kann nach J.E. Littlewood durch

$$\sum_{0 < \gamma(n) \leqslant T} |\beta(n) - \frac{1}{2}| = O(T \log \log T),$$

nach A. Selberg sogar durch

$$\sum_{0 < \gamma(n) \leqslant T} |\beta(n) - \frac{1}{2}| = O(T)$$

abgeschätzt werden[82]. Nach der Riemannschen Vermutung wären ja alle

$\beta(n) = 1/2$. Von Landau[83] stammt für positive $x \neq 1$ die Formel

$$\sum_{0<\gamma(n)\leqslant T} x^{\rho(n)} = \begin{cases} -(T/2\pi)\log q + O(\log T) & \text{für } x = q^k \text{ mit einer Prim-} \\ & \text{zahl } q \text{ und einer natürlichen Zahl } k, \\ -(Tx/2\pi)\log q + O(\log T) & \text{für } x = q^{-k} \text{ mit einer} \\ & \text{Primzahl } q \text{ und einer natürlichen Zahl } k, \\ O(\log T) & \text{sonst.} \end{cases}$$

Hieraus konnte H. Rademacher[84] unter Annahme der Riemannschen Vermutung die Gleichverteilung modulo 1 von

$$\frac{\log z}{2\pi}\gamma(n)$$

für jedes positive $z \neq 1$ folgern.

Wir zeigen jetzt, daß diese Folge modulo 1 gleichverteilt ist, unabhängig davon, ob die Riemannsche Vermutung gilt oder nicht[85]. Denn aus (1) und dem Resultat von Landau ergibt sich:

Aus

$$\frac{1}{N(T)} \sum_{0<\gamma(n)\leqslant T} x^{\beta(n)+i\gamma(n)} = O\left(\frac{1}{\log T}\right).$$

$$\left| \sum_{0<\gamma(n)\leqslant T} (x^{(1/2)+i\gamma(n)} - x^{\beta(n)+i\gamma(n)}) \right| \leqslant \sum_{0<\gamma(n)\leqslant T} |x^{1/2} - x^{\beta(n)}|$$

folgern wir wegen $|\beta(n)| < 1$:

$$|x^{1/2} - x^{\beta(n)}| \leqslant (x\log x)|\beta(n) - \frac{1}{2}|,$$

$$\sum_{0<\gamma(n)\leqslant T} |x^{1/2} - x^{\beta(n)}| = O\left(\sum_{0<\gamma(n)\leqslant T} |\beta(n) - \frac{1}{2}|\right) = O(T).$$

Daraus gewinnen wir

$$\frac{1}{N(T)} \sum_{0<\gamma(n)\leqslant T} x^{(1/2)+i\gamma(n)} = O\left(\frac{1}{\log T}\right)$$

und

(2) $$\frac{1}{N(T)} \sum_{0<\gamma(n)\leqslant T} x^{i\gamma(n)} = O\left(\frac{1}{\log T}\right).$$

Setzen wir bei einem ganzzahligen $h \neq 0$ $x = z^h$, bekommen wir

$$\frac{1}{N(T)} \sum_{0 < \gamma(n) \leqslant T} e(h \frac{\log z}{2\pi} \gamma(n)) = O(\frac{1}{\log T}),$$

$$\lim_{T \to \infty} \frac{1}{N(T)} \sum_{0 < \gamma(n) \leqslant T} e(h \frac{\log z}{2\pi} \gamma(n)) = 0,$$

womit der Nachweis geführt ist.

L positive Zahlen z_l nennt man *multiplikativ unabhängig*, wenn für alle Gitterpunkte h_l aus $z_1^{h_1}...z_L^{h_L} = 1$ $h_l = 0$ folgt. In diesem Fall ist sogar die L–dimensionale Folge

$$\frac{\log z_l}{2\pi} \gamma(n)$$

modulo 1 gleichverteilt[85]. Man muß zum Nachweis nämlich nur für einen vom Nullpunkt verschiedenen Gitterpunkt h_l

$$x = z_1^{h_1}...z_L^{h_L}$$

setzen und erhält aus (2) wie oben

$$\lim_{T \to \infty} \frac{1}{N(T)} \sum_{0 < \gamma(n) \leqslant T} e(h_l \frac{\log z_l}{2\pi} \gamma(n)) = 0.$$

2. Gleichverteilung und Riemannintegrierbarkeit

Im Mittelpunkt dieses Paragraphen steht die Frage, unter welchen Voraussetzungen man für eine Folge $f_n(x)$ Riemannintegrierbarer Funktionen bei einem gleichverteilten $\omega(n)$

$$\lim_{N \to \infty} \frac{1}{N} \sum_{n=1}^{N} f_n(\omega(n)) = 0$$

erhält. Ein Problem dieser Art stellte G. Pólya mit den Funktionen $(\cos \pi x)^{2n}$ und der Folge $n\alpha$, indem er fragte: *Wie groß ist*

$$\lim_{N \to \infty} \frac{1}{N} \sum_{n=1}^{N} (\cos \pi n \alpha)^{2n},$$

wenn der Grenzwert überhaupt existiert?

Beachten wir, daß die Funktionen $(\cos \pi x)^{2n} = f_n(x)$ einige bemerkenswerte Eigenschaften besitzen: Alle $f_n(x)$ sind nichtnegativ und beschränkt — etwa mit M als oberer von n unabhängiger Schranke — und

alle $f_n(x)$ wachsen am Rand des Intervalles $[0,1[$ an, d.h. bei einem beliebigen x aus $[\epsilon,1-\epsilon]$ gilt für jedes $\epsilon < 1/2$ und jede natürliche Zahl n
$f_n(x) \leqslant f_n(\epsilon)$. Bezeichnet $\omega(n)$ eine beliebige gleichverteilte Folge, erhalten
wir daraus

$$\sum_{\substack{n=1 \\ }}^{N} f_n(\omega(n)) = \sum_{\substack{n=1 \\ 0 \leqslant \omega(n) < \epsilon}}^{N} f_n(\omega(n)) + \sum_{\substack{n=1 \\ 1-\epsilon < \omega(n) \leqslant 1}}^{N} f_n(\omega(n)) +$$

$$+ \sum_{\substack{n=1 \\ \epsilon \leqslant \omega(n) \leqslant 1-\epsilon}}^{N} f_n(\omega(n)) \leqslant M \sum_{n=1}^{N} c_{[0,\epsilon[}(\omega(n)) + M \sum_{n=1}^{N} c_{]1-\epsilon,1]}(\omega(n)) +$$

$$+ \sum_{n=1}^{N} f_n(\epsilon) ;$$

wegen der Gleichverteilung von $\omega(n)$ folgt

$$\overline{\lim_{N \to \infty}} \frac{1}{N} \sum_{n=1}^{N} f_n(\omega(n)) \leqslant \overline{\lim_{N \to \infty}} \frac{1}{N} \sum_{n=1}^{N} f_n(\epsilon) + 2M\epsilon .$$

Das Ergebnis lautet:

*$f_n(x)$ bezeichne eine Folge Riemannintegrierbarer Funktionen mit Periode 1,
welche die nachstehenden Eigenschaften besitzen: Für alle x und alle n
gelte $f_n(x) \geqslant 0$, und es existiere eine von n unabhängige Schranke M mit
$f_n(x) \leqslant M$. Für alle positiven $\epsilon < 1/2$, für alle n und alle $x \in [\epsilon,1-\epsilon]$ gelte
$f_n(x) \leqslant f_n(\epsilon)$ und*

$$\lim_{N \to \infty} \frac{1}{N} \sum_{n=1}^{N} f_n(\epsilon) = 0 .$$

Unter diesen Voraussetzungen trifft für alle modulo 1 gleichverteilten $\omega(n)$ zu:

$$\lim_{N \to \infty} \frac{1}{N} \sum_{n=1}^{N} f_n(\omega(n)) = 0 .$$

Die Funktionen $(\cos \pi x)^{2n}$ erfüllen offensichtlich diese Voraussetzungen, alle irrationalen α bewirken somit

$$\lim_{N \to \infty} \frac{1}{N} \sum_{n=1}^{N} (\cos n\pi\alpha)^{2n} = 0 .$$

Jetzt berechnen wir den Grenzwert für rationale $\alpha = p/q$ mit ganzzahligen $p, q \geqslant 1$ bei ggT$(p,q) = 1$. Die Folge np/q nimmt modulo 1 nur die
Werte j/q mit $j = 0, 1, ..., q-1$ an, d.h.

$$\sum_{n=1}^{N} (\cos\frac{\pi np}{q})^{2n} = \sum_{\substack{j=0 \\ np\equiv j(\bmod q)}}^{q-1} \sum_{n=1}^{N} (\cos\frac{j\pi}{q})^{2n} =$$

$$= \sum_{\substack{n=1 \\ np\equiv 0\,(\bmod q)}}^{N} (\cos 0)^{2n} + \sum_{j=1}^{q-1} \sum_{\substack{n=1 \\ np\equiv j\,(\bmod q)}}^{N} (\cos\frac{j\pi}{q})^{2n} =$$

$$= \sum_{\substack{n=1 \\ n\equiv 0\,(\bmod q)}}^{N} 1 + \sum_{j=1}^{q-1} \sum_{np=j+qm\leqslant Np} (\cos\frac{\pi j}{q})^{2j/p\,+\,2mq/p} .$$

Der erste Summand nimmt den Wert $[N/q]$ an, und der zweite Summand kann durch

$$\sum_{j=1}^{q-1} (\cos\frac{\pi j}{q})^{2j/p} \sum_{m=1}^{\infty} |\cos\frac{\pi j}{q}|^{2mq/p}$$

majorisiert werden, wobei diese Reihe wegen $|\cos(\pi j/q)| < 1$ konvergiert. Dividieren wir den gesamten Ausdruck durch N und führen wir den Grenzübergang $N \to \infty$ durch, erhalten wir

$$\lim_{N\to\infty} \frac{1}{N} \sum_{n=1}^{N} (\cos\frac{\pi np}{q})^{2n} = \lim_{N\to\infty} \frac{1}{N}[\frac{N}{q}] = \frac{1}{q} .$$

Die durch

$$f(x) = \begin{cases} 0 & \text{bei irrationalem } x, \\ \frac{1}{q} & \text{bei rationalem } x = p/q \text{ mit } \text{ggT}(p,q) = 1, q \geqslant 1, \end{cases}$$

gegebene Funktion besitzt daher die Darstellung

$$f(x) = \lim_{N\to\infty} \frac{1}{N} \sum_{n=1}^{N} (\cos \pi nx)^{2n} .$$

Wir bemerken am Rande: $f(x)$ ist an allen irrationalen Stellen stetig, an allen rationalen Stellen hingegen unstetig. Die Menge der Unstetigkeitsstellen besitzt das Lebesguesche Maß Null. $f(x)$ ist also Riemannintegrierbar.

Noch in einem anderen Zusammenhang tritt die Riemannintegrierbarkeit von Funktionen auf. Zwar gilt bei einem gleichverteilten $\omega(n)$ für alle im Riemannschen Sinn integrierbaren Funktionen

(1) $$\lim_{N\to\infty} \frac{1}{N} \sum_{n=1}^{N} f(\omega(n)) = \int_{0}^{1} f(x)\,dx ,$$

für Lebesgueintegrierbare $f(x)$ stimmt diese Formel im allgemeinen jedoch nicht, denn

$$f(x) = \begin{cases} 1, \text{wenn } x \text{ mit einem } \omega(n) \text{ übereinstimmt,} \\ 0 \text{ sonst,} \end{cases}$$

liefert ein Gegenbeispiel. N.G. de Bruijn, K.A. Post[86] und – in allgemeinerer Fassung – C. Binder[87] zeigten sogar: $f(x)$ ist genau dann Riemannintegrierbar, wenn (1) für alle gleichverteilten $\omega(n)$ zutrifft.

Allerdings gilt (1) auch bei nicht-Riemannintegrierbaren $f(x)$, wenn man sich auf einige bestimmte (und nicht auf alle) gleichverteilten Folgen bezieht[88]. Wir betrachten als Beispiel für irrationale α die Folge $n\alpha$ und definieren *Translationen um* ξ für eine beliebige Lebesgueintegrierbare Funktion $f(x)$ mit Periode 1 durch $f_\xi(x) = f(x + \xi)$. Da die Transformation $T(x) = x + \alpha$ modulo 1 ergodisch ist, gilt für eine geeignete Translation $f_\xi(x)$ von $f(x)$ nach dem individuellen Ergodensatz[89]:

$$\lim_{N\to\infty} \frac{1}{N} \sum_{n=1}^{N} f_\xi(n\alpha) = \int_0^1 f_\xi(x)\mathrm{d}x .$$

3. Pythagoräische Tripel

Ein Thema der elementaren Zahlentheorie ist die Diophantische Gleichung[10]

$$x^2 + y^2 = z^2 .$$

Die Beträge ihrer Lösungen geben jene ganzzahligen Seitenlängen an, welche die Konstruktion von rechtwinkeligen Dreiecken erlauben. Wir können $|x/z|$, $|y/z|$ auch als jene rationalen Kathetenlängen deuten, die gemeinsam mit der Hypotenuse 1 ein rechtwinkeliges Dreieck ergeben. Man erkennt leicht, daß für ganze Zahlen u, v, t mit $0 \leqslant u < v$, $\text{ggT}(u,v) = 1$, $v \equiv 1$ (mod 2), $u \equiv 0$ (mod 2) Lösungen durch

$$x = t(v^2 - u^2), \qquad y = 2tvu, \qquad z = t(v^2 + u^2)$$

gegeben sind. Wenn man von der möglichen Vertauschung der Zahlen x und y absieht, lehrt die elementare Zahlentheorie, daß hiemit die Gesamtheit aller Lösungen beschrieben wird. Verbieten wir die trivialen Fälle $t = 0$ oder $u = 0$, die zu keinem rechtwinkeligen Dreieck führen, nennen wir alle übrigen Lösungen x, y, z *Pythagoräische Tripel.* Wir beweisen vorerst ein Analogon zum Dirichletschen Approximationssatz[90] :

Zu jedem rechtwinkeligen Dreieck mit Hypotenuse 1 *und den Katheten* ξ, η *und jeder natürlichen Zahl* N *kann man ein Pythagoräisches Tripel* x, y, z *angeben, wobei* $z \leqslant 2N^2$ *gilt und das rechtwinkelige Dreieck mit Hypotenuse* 1 *und den Katheten* $|x/z|$ *und* $|y/z|$ *das gegebene Dreieck mit dem Fehler*

$$|\xi - \frac{x}{z}| < \frac{\sqrt{8}}{N\sqrt{z}}, \qquad |\eta - \frac{y}{z}| < \frac{\sqrt{8}}{N\sqrt{z}}$$

approximiert.

Zum Beweis gehen wir von der Funktion $f(x) = (1-x^2)/(1+x^2)$ aus: Sie besitzt die Ableitung $f'(x) = -4x/(1+x^2)^2$, $f'(x)$ nimmt an den Stellen $\pm 1/\sqrt{3}$ die Extrema $\mp 3\sqrt{3}/4$ an, und es gilt $f(\sqrt{(1-\xi)/(1+\xi)}) = \xi$. Der Dirichletsche Approximationssatz gewährleistet die Existenz ganzer Zahlen u, v mit $0 \leqslant u < v \leqslant N$ und

$$|\sqrt{\frac{1-\xi}{1+\xi}} - \frac{u}{v}| < \frac{1}{Nv} .$$

Aus dem Mittelwertsatz der Differentialrechnung folgt für $x = v^2 - u^2$, $z = v^2 + u^2 \leqslant 2v^2 \leqslant 2N^2$

$$|\xi - \frac{x}{z}| = |f(\sqrt{\frac{1-\xi}{1+\xi}}) - f(\frac{u}{v})| \leqslant \frac{3\sqrt{3}}{4}|\sqrt{\frac{1-\xi}{1+\xi}} - \frac{u}{v}| < \frac{2}{Nv} \leqslant \frac{\sqrt{8}}{N\sqrt{z}}.$$

Ganz analog verläuft der Nachweis der zweiten Ungleichung für $\eta = \sqrt{1-\xi^2}$, wenn man statt $f(x)$ die Funktion $g(x) = 2x/(1+x^2)$ heranzieht, berücksichtigt, daß ihre Ableitung $g'(x) = 2(1-x^2)/(1+x^2)^2$ in $]-1,1[$ an der Stelle 0 mit 2 den größten Wert annimmt und schließlich die Relation $g(\sqrt{(1-\xi)/(1+\xi)}) = \sqrt{1-\xi^2} = \eta$ verwendet.   ////

Jedem Pythagoräischen Tripel x, y, z ordnen wir durch

$$\frac{x}{z} + i\frac{y}{z} = e^{i\alpha}$$

einen Winkel $\alpha = \alpha(x,y,z)$ zu, für den

$$x = z \cos \alpha , \qquad y = z \sin \alpha$$

gilt. Bezeichnet x', y', z' ein weiteres Pythagoräisches Tripel mit dem entsprechenden Winkel α', gewinnt man nach einer Methode von F. Vieta[91] ein drittes Pythagoräisches Tripel x'', y'', z'' durch

$$x'' = xx' - yy', \qquad y'' = xy' + yx', \qquad z'' = zz'.$$

Damit hat Vieta die Formel von A. de Moivre

$$\left(\frac{x}{z} + i\frac{y}{z}\right)\left(\frac{x'}{z'} + i\frac{y'}{z'}\right) = e^{i\alpha}e^{i\alpha'} = e^{i(\alpha+\alpha')} = \frac{x''}{z''} + i\frac{y''}{z''}$$

bereits vorweggenommen. Insbesondere kann man durch die Rekursionsformeln

$$x_1 = x, \qquad\qquad y_1 = y, \qquad\qquad z_1 = z,$$

$$x_{n+1} = xx_n - yy_n, \qquad y_{n+1} = xy_n + yx_n, \qquad z_{n+1} = zz_n$$

aus einem Pythagoräischen Tripel x, y, z eine Folge

$$\omega(n;x,y,z) = (x_n, y_n, z_n)$$

Pythagoräischer Tripel gewinnen. Entspricht dem ersten Tripel der Winkel α, lautet der zu x_n, y_n, z_n gehörende Winkel $n\alpha$. Können wir die Gleichverteilung von $e^{in\alpha}$ auf dem Einheitskreis herleiten, haben wir zugleich die Gleichverteilung der Punkte P_n mit den Koordinaten $(x_n/z_n, y_n/z_n)$ auf dem Einheitskreis gezeigt. Hiezu genügt der Nachweis für die Gleichverteilung von $n\alpha/2\pi$ modulo 1, d.h. der Beweis für die Irrationalität von $\alpha/2\pi$. Nach einer Idee von H. Hadwiger[92] gehen wir von der Annahme aus, $\alpha/2\pi = a/b$ wäre rational, setzen a/b als gekürzten Bruch voraus und folgern

$$\frac{x_n}{z_n} = \cos\frac{2\pi na}{b} = \frac{x_{n+b}}{z_{n+b}}, \qquad \frac{y_n}{z_n} = \sin\frac{2\pi na}{b} = \frac{y_{n+b}}{z_{n+b}}.$$

x_n/z_n und y_n/z_n durchliefen daher nur eine endliche Menge rationaler Zahlen, deren gemeinsamer Nenner d heißen möge:

$$\frac{x_n}{z_n} = \frac{A_n}{d}, \qquad \frac{y_n}{z_n} = \frac{B_n}{d}, \qquad e^{in\alpha} = \frac{x_n}{z_n} + i\frac{y_n}{z_n} = \frac{A_n + iB_n}{d}$$

mit ganzzahligen A_n, B_n. Da $(1-e^{in\alpha})^k$ für alle ganzzahligen $k \geqslant 0$ als Linearkombination von 1, $e^{in\alpha}$, $e^{2in\alpha}$, ..., $e^{kin\alpha}$ mit gannzzahligen Koeffizienten dargestellt werden kann, ließe sich diese Darstellung zu einer   Linearkombination von 1 und $(A_{jn} + iB_{jn})/d$, $j = 1, 2, ..., k$, mit ganzzahligen Koeffizienten umformen, d.h.

$$(1 - e^{in\alpha})^k = \frac{1}{d}(P_{k,n} + iQ_{k,n})$$

mit ganzen Zahlen $P_{k,n}$, $Q_{k,n}$. Eine elementargeometrische Überlegung ergibt:

$$|1 - e^{in\alpha}| = 2|\sin\frac{n\alpha}{2}| = 2|\sin\frac{n a\pi}{b}|.$$

Wenn wir m durch die Kongruenz $ma \equiv 1 \pmod{b}$, $m > 0$, bestimmen und die Periodizität von $|\sin \pi x|$ mit Periode 1 beachten, folgern wir

$$|1 - e^{im\alpha}|^k = 2^k |\sin\frac{\pi}{b}|^k.$$

Im Fall $b > 6$ ist $\sin(\pi/b) < 1/2$, folglich

$$\lim_{k \to \infty} |1 - e^{im\alpha}|^k = 0.$$

Aus

$$|1 - e^{im\alpha}|^k = \frac{1}{d}|P_{k,m} + iQ_{k,m}| \geqslant \frac{1}{d}$$

folgt der Widerspruch. Die Fälle $b = 1$, $b = 2$, $b = 4$ entsprechen keinen Pythagoräischen Tripeln; bei $b = 3$ ist

$$\frac{y_m}{z_m} = \sin\frac{2\pi m a}{b} = \sin\frac{2\pi}{3} = \frac{\sqrt{3}}{2}$$

irrational; analog kann man für $b = 5, 6$ aus der Irrationalität von

$$\frac{y_m}{z_m} = \sin\frac{2\pi}{5} \text{ bzw. } \sin\frac{\pi}{3}$$

den Widerspruch herleiten. Die Irrationalität von α besagt daher[90]:

Die aus der Folge $\omega(n;x,y,z)$ gebildeten Punkte $P_n = (x_n/z_n, y_n/z_n)$ sind auf dem Einheitskreis gleichverteilt.

Wir besprechen sogleich eine Anwendung: Nennen wir $P_0 = (1,0)$, dann bekommen wir für die Abstände $d(P_n, P_0)$ der Punkte P_n von P_0

$$d(P_n, P_0) = |e^{in\alpha} - 1| = 2|\sin\frac{n\alpha}{2}|.$$

Alle Abstände $d(P_n,P_0)$ sind rational. Für die mittlere Entfernung erhalten wir

$$\frac{1}{N} \sum_{n=1}^{N} d(P_n,P_0) = 2\frac{1}{N} \sum_{n=1}^{N} |\sin\frac{n\alpha}{2}| = 2\frac{1}{N} \sum_{n=1}^{N} |\sin \pi \cdot n \cdot \frac{\alpha}{2\pi}| .$$

$\alpha/2\pi$ kennen wir bereits als irrationale Zahl und $n\alpha/2\pi$ als modulo 1 gleichverteilte Folge. Die Periodizität von $|\sin \pi x|$ mit Periode 1 führt beim Grenzübergang $N \to \infty$ zu

$$\lim_{N \to \infty} \frac{1}{N} \sum_{n=1}^{N} |\sin \pi n \frac{\alpha}{2\pi}| = \int_0^1 |\sin \pi x| dx = \frac{2}{\pi}.$$

Die aus der Folge $\omega(n;x,y,z)$ *des Pythagoräischen Tripels* x, y, z *gewonnenen Punkte* $P_n = (x_n/z_n, y_n/z_n)$ *auf dem Einheitskreis haben von* $P_0 = (1,0)$ *stets einen rationalen Abstand* $d(P_n,P_0)$, *der im Mittel*

$$\lim_{N \to \infty} \frac{1}{N} \sum_{n=1}^{N} d(P_n,P_0) = \frac{4}{\pi}$$

beträgt[90].

Insbesondere erhalten wir damit eine rationale Approximation von $4/\pi$. Wir können das Ergebnis auch in der Formel

$$\lim_{N \to \infty} \frac{1}{N} \sum_{n=1}^{N} |\frac{y_n}{z_n}| = \frac{2}{\pi}$$

festhalten. Zum Nachweis gehen wir einfach von $\omega(n;x_2,y_2,z_2)$ aus, gewinnen daraus

$$\lim_{N \to \infty} \frac{1}{N} \sum_{n=1}^{N} d(P_{2n},P_0) = \frac{4}{\pi}$$

und berücksichtigen

$$d(P_{2n},P_0) = 2|\sin n\alpha| = 2|\frac{y_n}{z_n}| .$$

Als zweites Anwendungsbeispiel betrachten wir die Funktion

$$f(x) = |\cot \pi x| \log |\cos \pi x| ,$$

bei der wir zusätzlich $f(0) = f(1/2) = f(1) = 0$ festlegen, um sie im Intervall $[0,1]$ vollständig erklären zu können. Eine einfache Integration ergibt:

$$\int\limits_0^1 f(x)\mathrm{d}x \;=\; \frac{2}{\pi} \int\limits_0^{\pi/2} \cot u \cdot \log(\cos u)\mathrm{d}u \;=\; \frac{1}{\pi} \int\limits_0^1 \frac{1}{x} \log(1 - x^2)\mathrm{d}x \;=\;$$

$$=\; \frac{1}{\pi}\Big(-\frac{\pi^2}{12}\Big) \;=\; -\frac{\pi}{12}.$$

Die Gleichverteiltheit von $n\alpha$ führt zu

$$\lim_{N\to\infty} \frac{1}{N} \sum_{n=1}^N |\cot(n\alpha)| \cdot \log|\cos(n\alpha)| \;=\; -\frac{\pi}{12}.$$

Wir entlogarithmieren:

$$\lim_{N\to\infty} \prod_{n=1}^N |\cos(n\alpha)|^{\frac{-12}{N}|\cot(n\alpha)|} \;=\; e^{\pi}.$$

Das bedeutet[90]:

Für die aus $\omega(n;x,y,z)$ gewonnenen Pythagoräischen Tripel $x_n,\, y_n,\, z_n$ gilt:

$$\lim_{N\to\infty} \prod_{n=1}^N \Big|\frac{z_n}{x_n}\Big|^{\frac{12}{N}\left|\frac{x_n}{y_n}\right|} \;=\; e^{\pi}.$$

Diese Formel bildet ein Gegenstück zu einer Formel von C.F. Gauß[93].

LITERATURVERZEICHNIS

Allgemeine Literatur

L. Kuipers, H. Niederreiter, *Uniform Distribution of Sequences,* Wiley, New York, 1974

G. Rauzy, *Propriétés statistiques de suites arithmétiques,* Presses Universitaires de France, 1976

Spezielle Literatur

1. Dirichlet, P.G., Ber. Preuss. Akad. Wiss., **1842,** 93–95
2. Kronecker, L., Ber. Preuss. Akad. Wiss. Berlin, **1884,** 1071–1080, 1179–1193, 1271–1299
3. Weyl, H., Math. Ann. 77, 313–352(1916)
4. vgl. J. Cigler, H.C. Reichel, *Topologie,* Bibliogr. Inst., Mannheim, 1978
5. vgl. W. Thirring, *Lehrbuch der mathematischen Physik I,* Springer, Wien, 1977
   vgl. W. Wunderlich, Monatsh. Math. **56,** 313–334(1952)
6. von Neumann, J., Mat. Fiz. Lapok **32,** 32–40(1925)
7. G. Pólya, G. Szegö, *Aufgaben und Lehrsätze aus der Analysis II,* Springer, Berlin, 1964
8. H.J. Anderhub, *Aus den Papieren eines reisenden Kaufmannes,* Kalle-Werke, Wiesbaden, 1941
   B.L. van der Waerden, *Erwachende Wissenschaft,* Birkhäuser, Basel, 1956
   Teufel, E., Math. Phys. Semesterber. **6,** 148–152(1958)
   Neiss, W., Praxis d. Math. **8,** 241–243(1966)
9. van der Corput, J.G., Math. Z. **29,** 397–426(1929)
10. vgl. I. Niven, H.S. Zuckerman, *Einführung in die Zahlentheorie I,* Bibliograph. Inst., Mannheim, 1976
11. van der Corput, J.G., Acta Math. **56,** 373–456(1931)
12. Korobow, N.M., Postnikow, A.G., Dokl. Akad. Nauk SSSR **84,** 217–220 (1952)
13. Cigler, J., Nieuw Arch. voor Wisk. (3) **16,** 194–196 (1968)
14. vgl. J. Cigler, *Einführung in die Differential- und Integralrechnung I,* Manz, Wien, 1978

15. Csillag, P., Acta Litt. Sci. Szeged **5**, 13–18(1930)
16. vgl. E. Hewitt, K.A. Ross, *Abstract Harmonic Analysis I*, Springer, Berlin, 1963
17. Hlawka, E., Rend. Circ. Mat. Palermo (2) **4**, 33–47(1955)
18. Veech, W.A., Ann. of. Math. (2) **94**, 125–138(1971)
19. Rindler, H., Acta Sci. Math. **38**, 153–156(1976)
20. Niven, I., Trans. Amer. Math. Soc. **98**, 52–61(1961)
21. Uchiyama, S., Proc. Japan Acad. **37**, 605–609(1961)
22. Eckmann, B., Comment. Math. Helv. **16**, 249–263(1943/44)
    Hlawka, E., Rend. Circ. Mat. Palermo (2) **4**, 33–47(1955)
    Bass, J., Bertrandias, J.-P., C.R.Acad.Sci. Paris **245**, 2457–2459(1957)
    Hlawka, E., Anz. Österr. Akad. Wiss., Math.-naturw. Kl. **94**, 313–317 (1957)
    Kemperman, J.H.B., Notices Amer. Math. Soc. **5**, no. 2, Abstr. 542–10 (1958)
    Cigler, J., J. reine angew. Math. **210**, 141–147(1962)
    Kemperman, J.H.B., Compositio Math. **16**, 106–157(1964)
    Taschner, R.J., Der Differenzensatz von van der Corput und gleichverteilte Funktionen, J. reine angew. Math. (erscheint 1979)
23. Vanden Eynden, C.L., The uniform distribution of sequences, Ph.D. thesis, Univ. of Oregon, 1962
24. vgl. P.R. Halmos, *Measure Theory*, D. van Nostrand, Princeton, 1950
25. Hlawka, E., Abh. Math. Sem. Hamburg **20**, 223–241(1956)
    Hlawka, E., Math. Nachr. **18**, 188–202(1958)
26. vgl. P. Billingsley, *Convergence of Probability Measures*, Wiley, New York, 1968
27. Losert, V., Acta Sci. Math. **40**, 107–110(1978)
28. Grothendieck, A., Can. J. of Math. **5**, 129–173(1953)
29. Tsuji, M., J. Math. Soc. Japan **4**, 313–322(1952)
30. Taschner, R.J., Der Differenzensatz von van der Corput und gleichverteilte Funktionen, J. reine angew. Math. (erscheint 1979)
31. Davenport, H., Erdös, P., LeVeque, W.J., Michigan Math. J. **10**, 311–314 (1963)
32. Winogradow, I.M., Dokl. Akad. Nauk SSSR **15**, 291–294(1937)
    vgl. I.M. Winogradow, *The Method of Trigonometrical Sums in the Theory of Numbers,* Interscience, London–New York, 1954
    vgl. L.-K. Hua, *Die Abschätzung von Exponentialsummen und ihre Anwendung in der Zahlentheorie,* Enzykl. d. math. Wiss., 1. Band, 2. Teil, Heft 13, Teil 1, B.G. Teubner, Leipzig, 1959
33. Koksma, J.F., Compositio Math. **2**, 250–258(1935)

34. Pisot, C., J. reine angew. Math. **209**, 82–83 (1962)
    vgl. J.W.S. Cassels, _An Introduction to Diophantine Approximation_,
    Cambridge Univ. Press, London, 1957
    vgl. R. Salem, _Algebraic Numbers and Fourier Analysis_, Heath Math.
    Monographs, Boston, 1963
35. Borel, E., Rend. Circ. Mat. Palermo **27**, 247–271(1909)
36. Pillai, S.S., Proc. Indian. Acad. Sci., Sect. A, **12**, 179–184(1940)
37. Maxfield, J.E., Pacific J. Math. **2**, 23–24(1952)
38. Cassels, J.W.S., Colloq. Math. **7**, 95–101(1959)
39. Schmidt, W.M., Acta Arith. **7**, 299–309(1962)
40. Champernowne, D.G., J. London Math. Soc. **8**, 254–260(1933)
41. Hlawka, E., Rend. Circ. Mat. Palermo (2) **4**, 33–47(1955)
    Petersen, G.M., Quart. J. Math. (2) **7**, 188–191(1956)
42. Hlawka, E., Publ. Math. Debrecen **7**, 181–186(1960)
43. Lawton, B., Proc. Amer. Math. Soc. **10**, 891–893(1959)
    Hlawka, E., Publ. Math. Debrecen **7**, 181–186(1960)
44. Petersen, G.M., Quart. J. Math. (2) **7**, 188–191(1956)
45. Helmberg, G., Paalman-de Miranda, A., Indag. Math. **26**, 488–492(1964)
46. Niederreiter, H., Compositio Math. **25**, 93–99(1972)
47. Baayen, P.C., Hedrlin, Z., Indag. Math. **27**, 221–228(1965)
48. Losert, V., On the existence of uniformly distributed sequences on
    compact topological spaces II, Monatsh. Math. (erscheint 1979)
49. Rindler, H., Proc. Amer. Math. Soc. **57**, 130–132(1976)
50. Losert, V., Rindler, H., Uniform distribution and the mean ergodic
    theorem, Invent. Math. (erscheint 1979)
51. Bergström, V., Fysiogr. Sälsk. Lund. Förh. **6**, no. 13, 1–19(1936)
52. van der Corput, J.G., Proc. Akad. Amsterdam **38**, 813–821, 1058–1066
    (1935), **39**, 10–26, 149–153, 339–344, 489–494, 579–590(1936)
53. van Aardenne-Ehrenfest, T., Indag. Math. **7**, 71–76(1945)
54. Roth, K.F., Mathematika **1**, 73–79(1954)
55. Schmidt, W.M., Acta Arith. **21**, 45–50(1972)
56. Halton, J.H., Zaremba, S.K., Monatsh. Math. **73**, 316–328(1969)
57. Hlawka, E., Acta Arith. **18**, 233–241(1971)
    Niederreiter, H., Proc. Symp. Pure Math. **24**, 195–212(1973)
    Mück, R., Philipp, W., Math. Z. **142**, 195–202(1975)
    Hlawka, E., Sitzgsber. Österr. Akad. Wiss., Math-naturw. Kl., Abt. II,
    184, 355–365(1975)
    Taschner, R.J., Monatsh. Math. **86**, 221–237(1978)
58. vgl. I. Niven, H.S. Zuckerman, _Einführung in die Zahlentheorie II_, Bi-
    bliogr. Inst., Mannheim, 1976

59. Kesten, H., Acta Arith. **12**, 193–212(1966/67)
60. Lesca, J., Acta Arith. **20**, 345–352(1972)
61. Erdös, P., Turán, P., Indag. Math. **10**, 370–378, 406–413(1948)
62. Niederreiter, H., Philipp, W., Duke Math. J. **40**, 633–649(1973)
63. Koksma, J.F., Mathematica B (Zutphen) **11**, 7–11 (1942/43)
64. Sobol, J.M., U.S.S.R. Comp. Math. and Math. Phys. **1**, 228–240(1961)
65. Zaremba, S.K., Ann. Polon. Math. **21**, 85–96(1968)
66. Niederreiter, H., in S.K. Zaremba (Herausgeber), *Applications of Number Theory to Numerical Analysis,* Academic Press, New York, 1972, pp. 203–236
67. Hlawka, E., in L. Mirsky (Herausgeber), *Studies in Pure Mathematics,* Academic Press, New York, 1971, pp. 121–129
68. Hlawka, E., Ann. Mat. Pura Appl. (IV) **54**, 325–333(1961)
69. Hardy, G.H., Quart. J. Math. (1) **37**, 53–79(1906)
70. Krause, J.M., Ber. Verh. Sächs. Akad. Wiss. Leipzig, Math.-naturw. Kl. **55**, 164–197(1903)
71. vgl. R. Courant, D. Hilbert, *Methoden der mathematischen Physik I,* Springer, Berlin, 1931
72. vgl. G. Eisenack, C. Fenske, *Fixpunkttheorie,* Bibliogr. Inst., Mannheim, 1978
73. Hlawka, E., Sitzgsber. Österr. Akad. Wiss., Math.-naturw. Kl., Abt. II, **171**, 103–123(1962)
    Hlawka, E., Kreiter, K., Sitzgsber. Österr. Akad. Wiss., Math.-naturw. Kl., Abt. II, **172**, 229–250(1963)
74. Hlawka, E., Sitzgsber. Österr. Akad. Wiss., Math.-naturw. Kl., Abt. II, **184**, 217–225(1975)
75. Hlawka, E., Weierstraßscher Approximationssatz und Gleichverteilung, Monatsh. Math. (erscheint 1979)
76. Hlawka, E., Sitzgsber. Österr. Akad. Wiss., Math.-naturw. Kl., Abt. II, **184**, 307–331(1975)
    Taschner, R.J., Sitzgsber. Österr. Akad. Wiss., Math.-naturw. Kl., Abt. II, **185**, 459–484(1976)
77. Halton, J.H., Numer. Math. **2**, 84–90(1960)
78. Hammersley, J.M., Ann. New York Acad. Sci. **86**, 844–874(1960)
79. Koksma, J.F., Math. Centrum Amsterdam, Scriptum no. 5, 1950
    Szüsz, P., Compt. Rend. Premier Congrès Hongrois, Budapest, 1952, pp. 461–472
80. Korobow, N.M., Dokl. Akad. Nauk SSSR **115**, 1062–1065(1957)
    Korobow, N.M., Dokl. Akad. Nauk SSSR **124**, 1207–1210(1959)
    Hlawka, E., Monatsh. Math. **66**, 140–151(1962)

N.M. Korobow, *Zahlentheoretische Methoden in der Approximationstheorie* [russisch], Fismatgis, Moskau, 1963
Hlawka, E., Compositio Math. **16**, 92–105(1964)
Zaremba, S.K., in C.F. Osgood (Herausgeber), *Diophantine Approximation and Its Applications,* Academic Press, New York, 1973, pp. 327–356

81. vgl. T.M. Apostol, *Introduction to Analytic Number Theory,* Springer, New York, 1976
82. vgl. E.C. Titchmarsh, *The Theory of the Riemann Zeta Function,* Clarendon Press, Oxford, 1951
83. Landau, E., Math. Ann. **71**, 548–564(1912)
84. Rademacher, H., Collected papers Vol. II, p. 455
85. Hlawka, E., Sitzgsber. Österr. Akad. Wiss., Math.-naturw. Kl., Abt. II, **184**, 459–471(1975)
86. de Bruijn, N.G., Post, K.A., Indag. Math. **30**, 149–150(1968)
87. Binder, C., Sitzgsber. Österr. Akad. Wiss., Math.-naturw. Kl., Abt. II, **179**, 233–251(1970)
88. Cigler, J., Helmberg, G., Jber. Deutsch. Math.-Verein. **64**, 1–50(1961)
89. vgl. P.R. Halmos, *Lectures in Ergodic Theory,* Math. Soc. Japan, Tokio, 1956
90. Hlawka, E., Approximation von Irrationalzahlen und Pythagoräische Tripel, Bonner Semesterberichte (erscheint 1979)
91. Baschmakowa, G.I., Ann. History exact Sci. **16**, 299–306(1977)
92. Hadwiger, H., Elemente d. Math. **1**, 98–100(1946)
93. Gauß, C.F., Werke III, p. 377, VII, p. 14

SYMBOLVERZEICHNIS

$[\xi]$ 1

$\mathbf{R}/\mathbf{Z}$ 2

$\omega(n)$ 3

$A(\omega,N,J)$ 3

$c_J(x)$ 4

$m_N^\omega(f)$ 5

$e(hx)$ 8

a_l 10

$c_J(x_l)$ 11

$e(h_l x_l)$ 11

$\omega_l(t)$ 12

$m_T^{\omega_l}(f)$ 12

$c_h(k)$ 41

$\tilde{f}(h)$ 43

$e(g)$ 43

X 45

χ 45

ϵ_y 46

$e_h(x)$ 47

Ω 51

χ^∞ 51

Σ 54

σ_N 54

$\mathfrak{R}$ 55

σ_R 55

$\mu(n)$ 59

$\varphi(n)$ 59

$f\omega(n)$ 63

$f\omega(n,z)$ 64

$z_n(\alpha)$ 74

$J(a_l)$ 74

$\omega(n;\varphi)$ 79

Φ 79

$D_N(\omega)$ 90

$\Delta_N(x;\omega)$ 92

$D_N^*(\omega)$ 92

$D_N^{(p)}(\omega)$ 92

$Z(n_0,q_i,J)$ 95

$l(k)$ 108

$l'(j) \leqslant l(k)$ 108

$(x_{l(k)}/\!/y_l)$ 108

$\dfrac{\partial^K}{\partial^K x_{l(k)}}f(x_l)$ 109

$M(f,\delta_l)$ 115

$g_l(N)$ 117

$N(h_l)$ 117

(x_n,y_n,z_n) 128

P_n 128

$\omega(n;x,y,z)$ 128

$d(P_n,P_0)$ 129

NAMENVERZEICHNIS

SACHVERZEICHNIS